Ciel

茱莉雅的私房廚藝書

一生必學的法式烹飪技巧與經典食譜

作者／茱莉雅·柴爾德
　　　大衛·納斯鮑姆
譯者／王淑玫
發行人／施嘉明
總編輯／方鵬程
編輯部經理／李俊男
責任編輯／何珮琪
設計編排／黃馨慧
校對／謝惠鈴
出版發行／臺灣商務印書館股份有限公司
編輯部：10046台北市中正區重慶南路一段三十七號
　　　　　電話：(02)2371-3712　傳真：(02)2375-2201
營業部：10660台北市大安區新生南路三段十九巷三號
　　　　　電話：(02)2368-3616　傳真：(02)2368-3626
讀者服務專線：0800-056196　郵撥：0000165-1
網址：www.cptw.com.tw　E-mail：ecptw@cptw.com.tw

局版北市業字第993號
初版一刷：2013 年 8 月
定價：新台幣 280 元

ISBN 978-957-05-2853-4
版權所有·翻印必究

一生必學的法式烹飪技巧與經典食譜

茱莉雅的
私房廚藝書

Julia's Kitchen Wisdom
Essential Techniques and Recipes
from a Lifetime of Cooking

茱莉雅·柴爾德 Julia Child
大衛·納斯鮑姆 David Nussbaum 著
王淑玫 譯

臺灣商務印書館

推薦序
料理與記憶

多年前的一個午間，我們循著指南到設於 Copia（納帕葡萄酒藝術中心）園內的 Julia' s Kitchen 用餐。白石子鋪成的小徑，紅艷艷的石榴掛在枝頭，一畦一畦的小菜圃圍繞於餐廳外，種著薄荷、迷迭香、鼠尾草、小番茄、黃瓜、甜椒⋯⋯濕潤泥土的氣味，交織青澀和甜香在藍天白雲下浮動。我和家人坐在明亮簡潔的餐廳裡，欣賞窗外迎風搖曳的花草，品嘗灑滿加州陽光的法式料理⋯⋯

如今翻看一張張當時用餐的照片，每道菜的口感鹹淡變得模糊，任憑瞧得多仔細也再難回味出食物的細節，奇怪的是，那種滿溢著清新和單純的愉悅卻依然鮮明，連坐在椅上等待的片刻都清晰得有如昨日。2007 年的納帕河谷和 2013 年的納帕河谷，相隔六個夏天，Copia 早已歇業，納帕市區的風光不再。人事的種種變化無法細數，閉著眼，當時的情景卻依舊美得令人微笑。關於料理的記憶總是如此，當我們認定美味與否的理由隨著時間淡去，曾湧現心中的讚嘆滿足，卻會被回憶調和成不同顏色的喜悅與感動，烙印在生命裡。

情感賦予料理一股神秘的魅力，因此與好友共享美食常常比獨自一人更有滋味，當我們悉心為所愛的人烹調，心裡的期待和興奮總是遠多於身著華服、趕赴盛宴的夜晚。所有的感受與回憶就像大廚的秘密配方，讓美味的每一刻都獨一無；而這樣的一本食譜，字裡行間不離料理，卻載滿茉莉雅·柴爾德這位傳奇女子對生活的刻畫與熱愛——也是她料理中最迷人的風味。聽她娓娓道來，將積累了大半生的經歷，傾注在這些充滿情感的記錄裡與我們分享。輕輕地，書中有個更細微的聲音提示著我們，生命最令人喜悅的，莫過於能用雙手創造出美好的回憶，然後用心來保存。

陳嵐舒
樂沐（Le Moût）法式餐廳主廚

經典中的經典──歷久彌新的茱莉雅

茱莉雅・柴爾德是將法國料理引入美國的重要人物，地位一如當年台灣的傅培梅，對美國社會家庭的料理水準的提升，舉足輕重。而最重要的是她在教導美國婦女製作法國料理的基礎做法，今日看來這些做法不但沒有過時，反而更讓人欽佩其札實的基礎功夫。

因為是針對家庭主婦，所以做法清晰明瞭，上手簡易，同時又嚴謹專業，對細節的要求一絲不苟。從各種湯底醬汁，到傳統風味，地方菜色都有，涵蓋度既深且廣。在各種人工添加物，化學食品，工業調理包無所不在的今日，更顯得這些傳統作法的可貴。所謂的「古早味」或是「媽媽的味道」，嚴格的定義其實是在這一層上。

從基礎食譜的角度看，這本書是西方料理作品中的小品；從歷史傳統的角度看是巨作，是經典中的經典。也是食物為何好吃的秘密所在。

謝忠道

《慢食》、《慢食之後》美食作家，現居於巴黎

推薦序

宛若一本掌門人級練功秘笈，茱莉雅・柴爾德多年淬煉累積而得的基礎西菜廚藝技巧與經驗智慧精華盡在此中。不管是初學者或熟習者，都有所獲。

葉怡蘭

飲食旅遊作家　・《Yilan 美食生活玩家》網站創辦人

目錄
CONTENTS

謝辭

本書代表著和同儕以及朋友們，四十多年來在烹飪上面的快樂合作。當我們決定要從我早期的節目中剪出一個特輯時，激發了本書的靈感。這些片段，包括了在波士頓「教育」電視台 WGBH，於一九六三年二月十一日所播放的第一集——《紅酒燉牛肉》。你不可能推出美食節目，然後沒有搭配的食譜，本書因此而誕生。我深深地感謝讓這一切都變成真的天使們。

我對茱迪絲‧瓊斯由衷、持久的感激，她從我食譜創作生涯的開始就擔任我的編輯。她是本書的概念，也是她仔細地斟酌每一個建議、每一章節和段落，甚至每一個句子。她的評語和建議如黃金般珍貴，也受到同等的珍視。我對編輯茱迪絲，和她個人都懷有著無盡的景仰與感情。

我的合作對象大衛‧納斯鮑姆（David Nussbaum）在從不同節目和書籍中蒐集、挑選素材上，表現優異。他完成了測試和比較，列出綱要和建議，而且總是提供我可立即進行的詳細素材。若不是 David，本書絕對不可能完成，至少不可能在截稿日期前完成。

我要特別感謝啟發本書的 PBS（公共電視）兩小時《Julia's Kitchen Wisdom》（茱莉雅的廚藝智慧）特別節目的製作人傑夫‧杜拉蒙。傑夫和他的剪接師賀伯，從冗長的錄影帶中挑選出適當的片段，並且將它們剪輯成一個完整的節目。傑夫和奈特‧卡次曼的公司 A La Carte Communications, Inc. 也製作了我過去的四個電視節目《Cooking with Master Chefs》（與大師同廚）、《In Julia's Kitchen with Master Chefs》

（茱莉雅私廚）、《Baking with Julia》（與茱莉雅一同烘焙）以及《Jacques and Julia Cooking at Home》（賈克與茱莉雅的居家烹飪），還有和賈克‧派平一起主持的《Cooking in Concert》（烹飪派對）。這些節目的片段，都出現在特輯中。我們合作的過程非常地愉快，我對傑夫有著無盡的崇敬和感激。

我必須持續、熱烈地感謝 PBS，讓我的事業得以成真。沒有他們，就沒有我；我極度地感謝 PBS 提供給參與者的支援和自由。我們多麼地幸福能擁有 PBS！

我要真誠地感謝過去多年來幫助我，並且努力讓我們的電視特輯以及本書成功的人，包括我的家庭律師和忠實的友人威廉‧托斯洛。我的第一位製作人羅素‧莫拉，他帶著我們從《The French Chef》（法國大廚）開始，一直到《Julia Child & Company》（茱莉雅和同伴）系列。還有維多利亞花園料理同時也是我們的第一位執行主廚瑪莉安‧莫拉。還有部分《The French Chef》的製作人，和獨一無二的個人指導和珍貴的友人茹絲‧拉克伍。才華洋溢的食物攝影和電視設計師、許多書和節目的食譜發想人羅絲瑪莉‧馬奈。有時在《Company》系列中擔任執行主廚、才華驚人的莎拉‧莫爾頓。我長期的助理兼好友史蒂芬妮‧賀希，沒有她，我的辦公室會是一團混亂，而我的生活也會是黯然無光且毫無條理的。

這麼龐大的企劃不可能在缺乏慷慨贊助者的情況下完成，公共電視節目尤然。我很驕傲地宣告我們和羅伯蒙戴夫酒莊（Robert Mondavi Winery）的關係，他開創的精神和慷慨讓加州酒在全世界都受到認同。我也很高興我最愛的抹醬蘭歐雷克牛油（Land O' Lakes Butter）再度與我們合作。我們在《Baking with Julia》系列節目中，一共用了 573 磅它們的產品。這些上好的牛油都進了我們最終的贊助商歐克業鍋具（All-Clad Metalcrafters）生產的上好鍋具中。我由衷地感謝以上三家廠商。

永遠好胃口！

引言

在烹調的過程中，太常想不起來羊腿到底應該是用 325 °F 或是 350 °F 燒烤，以及要烤多久。或者，你忘了應該要如何地幫蛋糕捲脫模，還有那個能夠成功地逆轉分解的奶油蛋黃醬的方法。本書就是要提供回答這些問題的簡短、快速的答案。

本書不可能回答每一個問題，也不會涉及法式酥皮之類的複雜課題，那可需要冗長的說明和無數的照片。換句話說，這本書並不是要取代一本詳細、全方位的食譜百科如我的《精通法式料理藝術》（Mastering the Art of French Cooking）上下兩冊或是《烹飪之道》（Way to Cook）。這反而是一本針對一般家庭烹飪的迷你記憶輔助小冊子，主要對象是那些對烹調語言有著尚可接受的熟悉度，以及擁有一般配備的廚房——例如，蛋糕捲烤模、食物調理機、堪用的擀麵棍，並且對爐灶有著相當的熟悉度的人。

這本書原本是我從自己的實驗、補救和錯誤，並且隨著我多年的烹飪修正中累積出來的鬆散廚房參考資料。現在它已然演化成為一本書，資料是根據湯、蛋、麵包等的大分類排放，重點就在於技巧。

不管裡面是捲著蘑菇當主菜，或是草莓當甜點，所有的可麗餅的製作方式都差不多，所以全部都放在同一章內。舒芙蕾、塔、肉還有食譜上其他的選項，也都是如此。例如，在燒烤的部分，基本食譜雖然很簡短，卻詳細描述在處理一大塊肉的細節上。這一章的基本食譜是烤牛肉，緊接著是更簡短的其他燒烤變化，例如羊腿、烤雞、火雞、新鮮火腿甚至烤全魚。雖然有些細節上的差異，但基本上，它們的燒

烤方式都是一樣的。舒芙蕾和塔也是如此；綠色蔬菜則根據烹調的方式分為很容易查閱的兩組。你一旦掌握了技巧，就幾乎不必要再看食譜了，可以自由發揮。

如果你看過啟發本書創作的公共電視特輯，就會注意到電視上示範的食譜也囊括在本書內，但是方法或是食材卻不見得相同。特輯中有許多食譜是很久以前設計的。例如，馬鈴薯泥上用的大蒜醬。在那個時候，特輯中的做法在當時算很好了，但是還是很費功。書中所介紹的要簡單的多，即使沒有更好吃，至少一樣的美味。

詳細而又專業的索引，是這種書籍不可或缺的部分。舉例而言，當你有疑問想要知道關於「融化巧克力」這個主題，或是「美乃滋解疑」、「嫩煎魚排」、「煎鍋」等等時。我自己鬆散的筆記助我良多，我希望本書也能提供你和我，許多基本需求的簡短說明和解決方式。

茱莉雅‧柴爾德
麻塞諸塞州，劍橋

因龍蝦而開懷大笑。

左上：認識肉的部位。

左下：魚湯佐濃郁、不甜的白酒，或是單純的紅酒。

右上：將歐姆蛋從鍋中倒出。

右下：和雷蒙・卡微（Raymond Calvel）教授閒聊法國麵包的製作。

舀起一匙滑潤的奶油蛋黃醬。

上：圓麵包塑形。

下：把蛋白打發至成堅挺、閃
　　亮的峰狀。

準備好要起飛的鵝。

一隻長柄的刷子方便幫火雞上油。

上：讓融化的巧克力變得滑順。

下：驕傲地展現完成的蛋糕。

湯與兩種醬底

「一旦掌握了技巧，就幾乎不必要再看食譜了。」

SOUPS AND TWO
MOTHER SAUCES

親手熬煮的湯讓廚房充斥著誘人的氣味,而且是那樣地豐富、
自然又新鮮,足以解決惱人的「先上哪一道菜」的問題。

湯底 PRIMAL SOUPS

這些是基本湯,最不複雜,通常也是最受喜愛的。

| 基 本 食 譜 |

青蒜馬鈴薯湯
Leek and Potato Soup

可煮成約 2 夸特(譯註:約兩公升),6 人份

◆ 3 杯橫切成片的青蒜(包括蒜白與蒜綠的部分,詳見邊欄)

◆ 3 杯去皮、切塊,適合「烤」的馬鈴薯

◆ 6 杯水

◆ 1 ½ 茶匙鹽

◆ ½ 杯酸奶或鮮奶油,可省略(見 26 頁邊欄)

將所有材料放入一個 3 夸特的湯鍋內煮滾。加蓋但需留隙縫,
用小火滾煮 20 至 30 分鐘,直到蔬菜變軟。調味後可直接上桌,
或打成泥(見 21 頁邊欄),可以在每碗湯上飾以一大匙鮮奶油。

| 變　　化 |

▌**洋蔥馬鈴薯湯**　以洋蔥取代青蒜,或是兩者皆用。

▌**青蒜馬鈴薯濃湯**　基本食譜的湯煮開後,打成泥(見 21 頁邊
欄)然後攪拌入 ½ 杯動物性鮮奶油。上桌前重新加熱至小滾。

▌**豆瓣菜湯**　在關火前五分鐘,加入一小把洗過的豆瓣菜葉。
打成泥。再撒上些新鮮的豆瓣菜葉做為裝飾。(譯註:豆瓣菜,

watercress，亦有人稱為水芹菜或水芥菜。）

▌**冷湯** 如冷馬鈴薯濃湯。將前述任何湯品打成泥，拌入 ½ 杯鮮奶油，冷藏。上桌前調味，可視口味再拌入冷藏的鮮奶油。每碗湯上可飾以切碎的新鮮細蔥、巴西里或是豆瓣菜葉。

▌**今日例湯** 意味著在湯內加入任何現有的、生或熟的食材，例如白花菜、青花菜、青豆、菠菜等。透過這種做法，你可以發揮創意，製作出獨家的秘密湯方。

高湯 STOCKS

清雞高湯
Light Chicken Stock

將水加入足以覆蓋住生的、煮過的雞骨、切下的邊肉、內臟和脖子（但是不包括肝臟）煮至沸騰。撇去浮渣，略加點鹽調味。加蓋但需留隙縫，小滾 1 至 1.5 小時，視需要添加水分。你也可以加入切碎的洋蔥、胡蘿蔔、芹菜（每 2 夸特的雞骨就配以 ½ 杯），一把香料束（見 84 頁邊欄）。濾掉雞骨並去油。

若要製作濃郁雞高湯，就收湯汁濃縮味道。

待高湯冷卻後，加蓋放入冰箱數天或是冷凍。

```
變      化
```

▌**火雞、小牛肉或豬高湯** 如前述清雞高湯製作法。

▌**火腿高湯** 2 夸特的火腿骨和邊肉，加上各 1 杯切碎的洋蔥、胡蘿蔔、芹菜和一把包括 3 片進口月桂葉、1 茶匙百里香、5 顆丁香或是多香果（譯註：allspice berry，亦稱牙買加胡椒子）的香料束。製作方式如清雞高湯，但熬煮時間需約 3 小時。

▌**深色雞、火雞或鴨高湯** 將骨頭和邊肉切成 ½ 吋大小，然後

將湯打成泥

可使用攪拌棒，將攪拌棒直插入湯鍋中央，打開機器、在湯鍋中移動，但是不要將攪拌棒提高至表面。也可以利用食物調理機，將湯中的固體食材濾出後，加一點湯汁放入調理機內處理，視需要可再添加一些湯汁。可使用果菜汁機，將湯中的固體食材濾出，逐步加入果菜汁機內，視需要可添加湯汁。

使用罐頭高湯或高湯塊

要掩飾你使用罐頭高湯，用一小把切碎的胡蘿蔔、洋蔥和西洋芹，或許再加上一些不甜的白酒或不甜的法國苦艾酒，滾煮約 15 至 20 分鐘。

注意：我交錯使用湯和高湯塊這兩個名詞，不管是新鮮的還是罐裝的，高湯則是自製的。

紅酒要選用年分少、飽
滿的紅酒，如金粉黛
（Zinfandel）或是奇揚帝
（Chianti）。白酒則應該
是不甜並且飽滿，如蘇
微翁（saufignon），但是
許多白酒都太酸，我比
較喜歡用不甜的法國苦
艾酒。除了它的濃度和
品質之外，還能保存很
久。波特酒、馬德拉和
雪莉酒都必須是不甜的。
如果你不想要用酒的話，
直接省略不用，或是加
入高湯或是更多的香草。

在平底鍋內用熱油煎成棕色。每 2 夸特的高湯料就配上各 ½ 杯
的切碎洋蔥、胡蘿蔔、芹菜莖。待所有食材都呈棕色後，移入
湯鍋中。撇去平底鍋內的油脂，倒入 1 杯的不甜白酒，刮下凝
結的棕化汁液，全部加入高湯內，再加入足以覆蓋住材料的雞
高湯或水。放入一把香料束（見 84 頁邊欄），略加鹽調味，加
蓋但需留點小隙縫。如清雞高湯一樣地熬煮、撇浮渣、過濾然
後去油。

簡易牛高湯
Simple Beef Stock

將帶肉的生、熟牛骨，如腿骨、頸骨、牛尾、牛膝等都放入烤
盤中，每 2 至 3 夸特的牛骨，就配以各 ½ 杯的略切過洋蔥、胡
蘿蔔、芹菜莖。

輕刷上植物油，然後在 450 ℉的烤箱內烤 30 至 40 分鐘，過程
中不斷地用烤出的油脂或植物油輕刷牛骨。將牛骨和蔬菜取出
放入高湯鍋中。把烤盤內的油脂倒出後，在烤盤內倒入 2 杯水，
小滾後刮除烤盤內凝結的肉汁。將烤盤內的汁液倒入高湯鍋
中，加水直到比所有材料高出 2 吋。加入更多的切碎洋蔥、胡
蘿蔔、芹菜莖（每 2 至 3 夸特的牛骨，就配以各 ½ 杯），一顆
切碎的番茄，兩大瓣壓扁、不去皮的大蒜，一束香草（見 84 頁
邊欄）。煮至滾，撇去浮渣，繼續如清雞高湯的步驟進行，但
是須熬煮 2 至 3 小時。

| 變 化 |

▌深色小牛、豬或羊骨高湯 如前述的牛高湯作法，但是羊骨
高湯不要放胡蘿蔔。

魚高湯
Fish Stock

清理低脂魚如鱈魚、比目魚、大比目魚和鰈魚（黑色的皮不用）的新鮮魚架（魚骨和去鰓的魚頭），切成塊。在大鍋中用高於魚骨一寸的水煮到滾。撇去表面浮渣，略加鹽調味，略微加蓋，小滾 30 分鐘。過濾。繼續滾煮以濃縮湯汁。冷卻後加蓋，置於冰箱一日或冷凍。

高湯或是罐頭湯製作的湯
SOUPS MADE FROM STOCK OR CANNED BROTH

基本食譜

蔬菜雞湯
Chicken Soup with Vegetables

大約煮成 2 ½ 夸特，6 至 8 人份

◆ 8 杯雞高湯（見 21 頁）或罐裝雞湯

◆ 1 片進口月桂葉

◆ ½ 杯不甜白酒或不甜法國苦艾酒

◆ 各 1 杯切絲或切丁的洋蔥、西洋芹、蒜白和胡蘿蔔

◆ 2 個去骨、去皮雞胸肉

◆ 鹽與胡椒

將月桂葉、酒和蔬菜放入高湯煮滾，再滾煮 5 至 6 分鐘，或直到蔬菜變軟。在此同時，將雞胸切成薄片後，再切成 1 ½ 吋長的細絲。將雞絲對摺放入湯內，煮 1、2 分鐘，或直到煮熟。調味後靜置 15 至 20 分鐘，讓雞肉吸取味道。和吐司脆片或奶油三角吐司切片一起食用。

烤硬的圓法國麵包片

一條 16 吋長的法國麵包
約可以至做成 18 片。
將麵包切成 ¼ 吋厚的圓
片，然後放入 325 ℉的
烤箱內烤 25 至 30 分鐘，
直到變成淺棕色的脆片。
可以在烤一半的時候在
麵包上刷上橄欖油。

變　　化

▌**蔬菜牛肉湯**　在一個大湯鍋中，用牛油炒各一杯切丁的洋蔥、西洋芹、胡蘿蔔和蒜白約 2 分鐘。倒入 2 夸特的牛高湯（見 22 頁）或罐裝高湯。加入 ½ 杯切丁的蕪菁，½ 杯米粒形狀的義大利麵，快煮的西谷米或是米。如果有的話，還可以加入任何製作高湯時留下的牛腱肉丁或是牛尾肉。同時，將包心菜絲燙 1 分鐘半，把水濾去、切碎，再和 ¾ 杯去皮、去子、切丁的番茄（見 51 頁邊欄）一同加入湯中。如果不加肉的話，也可以加 ¾ 杯煮熟或是罐裝的紅或白豆。重新加熱至沸騰，調味後即可上桌。

▌**法式洋蔥湯**　在一支大湯鍋中，用 3 大匙牛油和 1 大匙油慢炒 2 夸特切細絲的洋蔥約 20 分鐘，直到洋蔥變軟。再拌入各 ½ 茶匙的鹽和糖，用中火再炒約 15 至 20 分鐘，要經常地攪拌直到呈現金棕色。在洋蔥上撒上 2 大匙的麵粉，小火慢炒約 2 分鐘。離火，用攪拌器打入 2 杯熱牛骨高湯或是罐裝牛高湯，以及 ¼ 杯干邑或是白蘭地。攪拌均勻後，再拌入 2 夸特的高湯和 1 杯不甜的白酒或是不甜的法國苦艾酒。煮開後略微蓋上，小滾 30 分鐘。調味後即可上桌。

▌**焗烤洋蔥湯**　將烤硬的法國圓麵包（見邊欄）鋪在大砂鍋或是個別的小陶盅底，再鋪上一層切成薄片的瑞士乳酪。將熱洋蔥湯倒入，再放幾片烤圓麵包片在湯上，再鋪上一層磨碎的瑞士或是帕馬森乳酪。放入 450 ℉的烤箱內烤 20 分鐘，或直到乳酪融化，呈棕色。

地中海魚湯
Mediterranean Fish Soup

可製作約 3 夸特，8 人份。用 ¼ 杯的橄欖油炒切片的青蒜、洋蔥各 1 杯，直到幾乎變軟。拌入 2 瓣或更多的蒜末、3 杯去皮、

去子，切塊的番茄（見 51 頁邊欄），1 大匙番茄糊，各 ½ 茶匙乾百里香和茴香子，兩片陳皮。再滾 5 分鐘。倒入 2 夸特的魚高湯或是清雞高湯。如果有的話，拌入一小撮的番紅花。調味，煮開，小滾 20 分鐘。在此同時製作大蒜紅醬（見邊欄），將 3 磅（約 6 杯）的去皮去骨的白肉魚，如鱈魚、大比目魚、海鱸或是鮟鱇魚切成 2 吋大的魚塊。上桌前，將魚放入湯中，煮開後滾約 1 分鐘左右，或直到魚肉呈不透明、且有彈性狀。將大蒜紅醬抹在烤硬的法國麵包圓片上（見 24 頁邊欄），並放入碗中。將湯和魚舀入湯碗中，撒上切碎的巴西里和磨碎的帕馬森乳酪，即可上桌。其餘的大蒜紅醬另外盛盤上桌。

蘇格蘭湯
Scotch Broth

可製作 2 夸特，6 人份。將 2 夸特的羊高湯，或是羊加雞高湯煮開。拌入 ½ 杯的大麥、扁豆或是快煮熟的白豆（或者是最後再加入罐頭白豆），加入洋蔥丁、蕪菁丁和胡蘿蔔丁各 ½ 杯。拌入 1 杯去皮、去子、切丁的番茄（見 51 頁邊欄）。略微加蓋，煮開後小滾 15 分鐘，直到蔬菜變軟，調味。拌入 3 大匙切碎的巴西里，即可上桌。

奶油濃湯 CREAM SOUPS

基本食譜

奶油蘑菇濃湯
Cream of Mushroom Soup

約可製作 2 夸特，6 人份

◆ 4 大匙牛油

Rouille 大蒜紅醬
可搭配魚湯、白煮馬鈴薯、蛋、白煮魚、義大利麵，供所有的大蒜愛好者食用。在一個沉重的大碗中，將 6 至 8 瓣去皮大蒜末和 ¼ 茶匙的鹽搗成泥（見 57 頁邊欄）。再倒入 18 大片新鮮、切碎的羅勒葉，¾ 杯輕壓過的新鮮麵包丁（見 71 頁邊欄），3 大匙的湯底或是牛奶。等到磨成細糊時，再搗入或打入 3 顆蛋黃。改用電動攪拌器，拌入 ⅓ 杯切丁的罐頭紅辣椒，然後像製作美乃滋那樣，一滴一滴地加入 ¾ 杯到 1 杯的果香味重的橄欖油，就可以做出味道濃郁的濃醬了。用鹽、胡椒和塔巴斯科辣醬調味。

Aioli 大蒜蛋黃醬
省略紅辣椒，就成為著名的大蒜蛋黃醬。

- ◆1 杯洋蔥或蒜白丁

- ◆¼ 杯麵粉

- ◆1 杯熱雞高湯

- ◆6 杯牛奶

- ◆1 夸特的新鮮蘑菇，修整、清理並且切丁

- ◆¼ 茶匙的乾茵陳蒿

- ◆½ 杯或更多的動物性鮮奶油、酸奶或法式酸奶（見邊欄），可省略

- ◆鹽和現磨的白胡椒

- ◆數滴檸檬汁，可省略

- ◆數支新鮮的茵陳蒿，或數片炒過的新鮮蘑菇傘帽做為裝飾

湯底　用牛油在厚底、有蓋的湯鍋中慢炒洋蔥或蒜白 7 至 8 分鐘，直到變軟、透明。拌入麵粉，拌炒 2 至 3 分鐘。離火，慢慢地攪拌入熱高湯。用中火將湯煮開，拌入牛奶。

蘑菇　拌入蘑菇和乾茵陳蒿，煮開後小滾 20 分鐘，要經常攪拌以免黏鍋底。拌入可省略的鮮奶油，略煮滾，調味，視需要加入檸檬汁。用新鮮的茵陳蒿枝，或是炒過的蘑菇傘帽片裝飾每一碗湯。

┌─────────┐
│ 變　　　化 │
└─────────┘

▌**奶油青花菜濃湯**　如前述般準備好湯底。同時將切下 1 至 2 球（約 1½ 磅，編按：約 0.7 公斤）的青花菜上的小朵青花，備用。將菜梗去皮切片，然後用約 ½ 吋高的水煮開（見 47 頁）。放入食物調理機，再加入 1 杯的湯底，打成泥，然後拌入剩餘的湯。用煮青花菜梗的水燙熟剩下來的青花，用冷水殺青以保持顏色，瀝乾後待用；上桌前快速地用 1 大匙的牛油加熱。用大

火將剩下來的水收到約 ½ 杯，加入湯底中。食用前，將湯加熱至小滾，加入 ½ 杯的動物性鮮奶油或是酸奶，攪拌 2 至 3 分鐘。調味後即可上桌，用燙過的青花裝飾每一碗湯。

▌**奶油蘆筍濃湯**　將兩磅去皮的蘆筍燙至將軟的狀態（見 46 頁）。用冷水殺青，並切下前端約 2 吋。切下筍尖，並切成對半或是 ¼，留下作裝飾，上桌前須快速地用牛油炒過。剩下的蘆筍前端，待會兒要打成泥，其餘的蘆筍莖部則切碎。切碎的蘆筍莖和洋蔥放入湯底熬煮，然後用磨菜器過濾，已清除粗的蘆筍纖維。將保留的蘆筍嫩莖（但不是頂端的嫩苞）打成泥，加入湯底中。加入 ½ 杯的動物性鮮奶油或是酸奶，滾煮、調味，然後再用炒過的蘆筍苞裝飾。

▌**奶油胡蘿蔔濃湯**　修整 8 根中型的胡蘿蔔，並且去皮。留一根胡蘿蔔做裝飾。其餘則切為粗丁，然後和洋蔥在湯底中熬煮。將保留的胡蘿蔔刨成長絲，用滾水蒸數分鐘，直到軟嫩。每碗湯上用一些溫胡蘿蔔絲做為裝飾。

▌**其他的變化**　可將其他的蔬菜如菠菜、防風根、西洋芹、青花菜都適用相同的做法，亦可參考下面用米漿的做法。

無脂米漿濃湯
FAT-FREE CREAM SOUPS WITH PURÉED RICE

你可以用以下的方式來製作任何前述的奶油濃湯：與其使用牛油與麵粉糊讓湯呈濃稠狀，你可以在湯底內滾煮米飯直到非常地軟爛。然後再用電動攪拌器打成稀糊，就能有美味、濃郁、幾乎是無脂的濃湯了。

保存奶油濃湯和醬料
要防止加過麵粉的濃湯和醬汁的表面形成一層皮，可以每隔幾分鐘就攪拌一次。或者要保存得更久，就在表面浮上一層牛奶或是高湯。用一個大湯匙裝滿液體，將湯匙平放在湯面上，然後傾斜倒入，然後用湯匙的背面將液體在表面抹開。

大頭菜白米洋蔥泥蘇比絲湯
Rutabaga Soup Soubise—with Rice and Onion Purée

製成約 2 又 ¼ 夸特，8 人份

- ¾ 根切薄片的西洋芹莖

- 1 ½ 杯洋蔥片

- 2 杯清雞高湯（見 21 頁）

- ⅓ 杯生白米

- 4 杯液體（清雞高湯和牛奶）

- 1 ½ 夸特（2 ½ 磅，約 1.5 公斤）去皮、略切成片的大頭菜

- 鹽和現磨的白胡椒

- 酸奶或鮮奶油（見 26 頁邊欄），和切碎的巴西里，可省略

米和洋蔥湯底　將西洋芹和洋蔥放入 2 杯的清雞高湯中滾煮，直到非常地柔軟、透明——至少約需 15 分鐘。拌入米和剩餘的汁液。

大頭菜與完成的湯　拌入大頭菜，煮滾，略微調味，略微加蓋熬煮 30 分鐘，或直到大頭菜和米都變得非常軟。分批放入電動攪拌器內打成泥。重新加熱，調味。視喜好在每份湯上放上一匙的酸奶或是鮮奶油，再撒上切碎的巴西里。

變　　化

▌黃瓜濃湯　約成 2 ¼ 夸特，6 至 8 人份。將 4 條大的小黃瓜去皮，留下半條做裝飾，將其餘的直切，並且用湯匙將子挖除。粗略地切碎後，加入各 2 茶匙的酒醋和鹽，在初步滾煮西洋芹和洋蔥的時候，置於一旁備用。然後將切碎的黃瓜和汁液，以及前述用米的食譜的方式做成湯底並完成湯的製作。上桌前，

用一匙鮮奶油、小黃瓜片，新鮮的蒔蘿做為裝飾。

▌蔬菜雞肉濃湯　將米和洋蔥湯底和第 23 頁的蔬菜雞湯合而為一，只需要用 4 杯雞湯食譜中的液體即可。

巧達湯 CHOWDERS

傳統的巧達湯都是以豐富的洋蔥和馬鈴薯做為基礎，光是這兩者就足以成就美味的湯。在這香氣四溢的基礎上，再添加上魚塊或是貝類，或是玉米或是任何看起來適當的食材。（注意：你可以省略豬肉，以 1 大匙的奶油取代來炒洋蔥。）

巧達湯底
The Chowder Soup Base

約 2 夸特，可製作成 2 1/2 夸特的巧達，6 至 8 人份

◆4 盎司（⅔ 杯，約 110 克）切丁、汆燙過的火腿或培根（見 86 頁邊欄）

◆1 大匙牛油

◆3 杯（1 磅，約 450 克）切片的洋蔥

◆1 片進口月桂葉

◆¾ 杯壓碎的蘇打餅乾，或是 1 杯緊壓的新鮮麵包丁（見 71 頁邊欄）

◆6 杯液體（牛奶、雞高湯、魚高湯、蛤蠣汁或是綜合上述）

◆3½ 杯（1 磅）去皮、切片或是切丁的白煮馬鈴薯

◆鹽和現磨的白胡椒

在一個大湯鍋內，小火慢炒火腿或是培根約 5 分鐘，或是直到肉開始上色。拌入洋蔥和肉桂，加蓋、小火煮 8 至 10 分鐘，直到洋蔥變軟。將油脂濾除，然後拌入蘇打餅乾或是麵包丁。倒

在流水中一一洗刷蛤蠣，任何破掉、受損或是不密合的蛤蠣都要丟掉。鹽水（每 4 夸特的水加 1/3 杯的鹽）浸泡 30 分鐘。取出，如果盆子裡的沙不少的話，就重複浸泡過程。用一塊濕毛巾蓋住，冷藏。在一、兩天之內使用完畢。

入液體，加入馬鈴薯煮滾，略微加蓋熬煮約 20 分鐘，直到馬鈴薯變軟。用鹽和白胡椒調味後，湯底就完成了。

抬達的建議

▌**新英格蘭蛤蠣巧達湯**　約 2 1/2 夸特，6 至 8 人份。清洗、浸泡 24 顆中型的帶殼蛤蠣（見邊欄）。在一個大型、緊閉的湯鍋中，用一杯水蒸 3 至 4 分鐘，直到大多數蛤蠣的殼打開。將打開的蛤蠣肉取出，加蓋，其餘的蛤蠣繼續蒸 1 分鐘左右。把沒有開的蛤蠣扔掉。小心地將蒸蛤蠣的湯汁倒出，沙要留在鍋內，倒出的湯汁是巧達湯底的一部分。用食物調理機或刀子將蛤蠣肉切碎，拌入完成的巧達湯底中。上桌前，加熱至幾乎沸騰，這樣子蛤蠣才不會被煮得太老。喜歡的話，可拌入一點點鮮奶油或是酸奶，太濃的話可加牛奶稀釋，調味後即可上桌。

▌**魚肉巧達湯**　用魚高湯（見 23 頁），以及／或清雞高湯（見 21 頁）還有牛奶，製作巧達湯底。將 2 至 2 1/2 磅去皮、無骨的低脂魚，如鱈魚、黑斑鱈、大比目魚、鮟鱇魚或是海鱸，一種或多種皆可，切成 2 吋的大小。加入完成的巧達湯底內，滾煮 2 至 3 分鐘，直到魚變得不透明而且有彈性。調味，視口味在每碗中添加一匙的酸奶。

▌**雞肉巧達湯**　將魚用無骨、去皮的雞胸肉取代，用清雞高湯和牛奶製作湯底。

▌**玉米巧達湯**　用 6 杯的清雞高湯和牛奶製作巧達湯底。在完成的湯底內，至少拌入 3 杯的新鮮玉米粒，視口味可以加入 2 個切細丁，並且用牛油炒過的青椒和紅椒。滾後再煮 2 至 3 分鐘，調味，視口味在每碗添加一匙的酸奶。

兩種醬底
TWO OF THE MOTHER SAUCES

正統法式烹飪將醬汁分為褐醬、白醬、紅醬、奶油蛋黃醬、美乃滋醬、醋醬還有奶白醬之類的調味牛油。我們在肉的章節中介紹褐醬和調味牛油，蔬菜的章節中介紹番茄紅醬，美乃滋和醋醬則放在沙拉的章節，這裡介紹白醬和奶油蛋黃醬。

基本食譜

白醬
Béchamel Sauce

可製作 2 杯，中度濃稠

◆ 2 大匙無鹽牛油

◆ 3 大匙麵粉

◆ 2 杯熱牛奶

◆ 鹽和現磨的白胡椒

◆ 一小撮肉豆蔻

將牛油放在一個厚重的湯鍋內融化，用木湯匙拌入麵粉，以中火翻炒到牛油和麵粉均勻混合起泡，繼續炒兩分鐘，但是不可以煮至比奶油黃還深的顏色。離火，待停止起泡後，快速地攪拌入所有的牛奶。煮沸，不斷地攪拌。小滾、攪拌兩分鐘。調味。

變　　　化

▌絲絨濃醬　依照白醬的製作方式，但是拌入熱雞高湯或魚高湯、肉汁或是蔬菜湯，有必要的話可加牛奶。

奶油蛋黃醬解難

如果牛油加得太快讓蛋黃無法吸收，或是把醬放在火上太久，都會造成醬汁稀薄或是分解。要重回濃稠的狀態，須快速攪拌混合，然後舀一匙放入碗中。然後再快速地攪拌入一大匙的檸檬汁，直到醬汁變得濃稠。然後一點點、慢慢地將分解的醬汁滴入其中。要等到已加入的醬已經變濃後才能再加，直到變稠為止.。

機器製作奶油蛋黃醬

順手之後，手工製作奶油蛋黃醬其實很簡單，而且相當地迅速，但是你可能比較喜歡用電動攪拌器。採取相同的方式製作，但是很難、而且幾乎從來就不可能把那麼濃稠的醬完全自機器中取出！然後，還得重新加熱。如果要用機器的話，我比較喜歡用食物調理機，我也建議用調理機製作美乃滋。

基本食譜

奶油蛋黃醬
Hollandaise Sauce

可製作 1 1/2 杯

- 3 個蛋黃
- 一大撮鹽
- 1 大匙檸檬汁
- 2 大匙無鹽冷牛油
- 2 條（8 盎司）無鹽牛油，融化而且要熱的
- 鹽和現磨白胡椒

用打蛋器在不鏽鋼湯鍋中的蛋黃打 1 至 2 分鐘，直到略呈稠狀，並轉為檸檬色。打入一大撮的鹽、檸檬汁還有一大匙的冷牛油。用中小火加熱，並且不斷地用中速攪拌，三不五時地要將鍋子離火，以確保蛋黃不會太迅速地變熟。當蛋黃開始黏在打蛋器上，攪拌時可以看見鍋底時，就離火然後拌入第二大匙的牛油。開始一滴一滴地加入融化的牛油，直到相當 1/2 杯的醬已呈濃稠狀，然後就可以加速加入牛油，直到醬汁完全變成濃醬。試吃並調味。

變　　化

▌**蛋黃醬**　製作約 1 杯。在一支小湯鍋中，將各 1/4 杯的酒醋和不甜的白酒或是不甜的法國苦艾酒煮開，然後加入 1 大匙切碎的紅蔥頭，1/2 茶匙的茵陳蒿，各 1/4 茶匙的鹽和現磨胡椒。煮開後將汁收至 2 大匙，過濾，然後壓榨調味材料取出更多汁液。用濃縮汁取代前述基本食譜中的檸檬汁，但是全部只要加入 1 1/2 條的牛油。可以在完成的醬汁中加入切碎的新鮮茵陳蒿葉。

沙拉與沙拉醬

「完美的油醋醬的做法簡單到我看不出有任何使用瓶裝醬的理由。」

SALADS AND
THEIR DRESSINGS

儘管那些堅持、坦承只吃在地「當季」新鮮蔬果的純粹主義者一直都存在著，但現在藉由現代化的包裝、頂尖的冷藏技術和迅速的運輸，我們幾乎一年到頭都可以擁有各式各樣的新鮮蔬果。我們還沒有解決番茄的問題，但是綠色蔬菜種類豐盛且數量繁多，還有許多讓人垂涎欲滴的食品，時時準備好要為我們的沙拉增色。

沙拉蔬菜
SALAD GREENS

一旦將沙拉蔬菜帶回家，自然要盡可能地維持它們的新鮮蓬勃。如果它們已經被挑撿、清理和包裝好的話，就能維持原狀數天。我對於水耕的「活」萵苣尤其感興趣，它可以完美地在冰箱裡保持一個禮拜左右的時間，連根一同靜坐在所生長的塑膠盒中。我甚至不洗萵苣，在摘葉子的時候也很小心不去碰到根部。

略微凋萎的蔬菜 　如果這發生在你的青蔬上時，將它們浸泡在一盆冷水中數小時，可以恢復相當程度的清脆。

清洗蔬菜 　例如波士頓生菜、奶油萵苣、縐葉苦苣、蘿蔓、綠捲鬚萵苣、闊葉苦苣和義大利紫菊苣等，將枯萎的葉子丟棄，並且將葉上枯萎的部分剝除，然後將葉子剝成入口的大小。將青蔬放入一大盆冷水中，上下地壓、放，靜置一會兒讓沙子沉入盆底，然後用雙手將葉子取出，留下沙子。

去除表面水分 　用旋轉沙拉籃脫水，分成小批進行。

保存洗過的蔬菜 　如果你有足夠的空間，儲存數小時的最有效方式是讓有空間的部分朝下，放在一個鋪好紙巾的深烤盤內，

再用濕布蓋好、冷藏。否則，就鬆鬆地用紙巾包起，然後放在一個大塑膠袋內，冷藏能夠維持 2 天左右。

綜合青蔬沙拉
Mixed Green Salad

一磅左右、單純一種或是綜合的沙拉青蔬能供 6 人食用。青蔬都已洗清、脫水，撕扯成你喜歡的大小——小塊容易入口，但是大塊在擺盤上較為美觀。準備好沙拉醬。預備一個大沙拉碗、長柄的沙拉匙和叉子各一。在上桌前（絕對不可提前，否則沙拉會枯萎），將青蔬放入碗中。淋上數匙的沙拉醬，然後用叉子和木匙從底下、大把地快速翻動，視需要一點一點地加入沙拉醬，薄薄地覆蓋住所有的青蔬，但是絕不是浸泡於其中。試吃後，視需要撒點鹽和胡椒，或是更多的檸檬或醋。立刻上桌。

沙拉醬
SALAD DRESSINGS

完美沙拉的關鍵就在於完美的沙拉醬，我完全看不出使用現成沙拉醬的理由，那些罐裝醬可能已經放在架子上好幾個禮拜，好幾個月，甚至經年了。使用自製的沙拉醬，所有材料都是新鮮的——最好的油、你精心挑選的醋、新鮮的檸檬，而且真正好的沙拉醬做起來快速又簡單，做法如下。

基本油醋醬
Basic Vinaigrette Dressing

這是最基本、簡單又多用途的油醋醬，可以隨性變化，在後面

油與醋

選擇全然在你，主要的考量就是味道。你有時候可能想要果香味重而非清淡的橄欖油，或者針對某些菜色，你喜歡用花生油或是植物油——只要先確定新鮮就好。醋也是一樣，在買酒醋之前要確定你知道它的味道，因為品質差異很大。我個人總是使用法國奧里昂的醋，因為習慣它的味道了，但是我也嘗過不少絕佳的國內生產的醋。當你吃到美味的沙拉醬時，記得要請教女主人是怎麼做的，她們會覺得備受讚美，而你的廚房檔案又多了一頁。

油醋醬剛完成就上桌是
最新鮮、最棒的時候，
但是當然可以將它密封、
冷藏幾天。紅蔥頭和新
鮮的檸檬終將會走味，
破壞整個醬汁的味道。

附有一些建議。它的美味完全仰賴食材的品質。要特別注意，
你經常會看到 1 比 3 的醋油比例，但是這樣子會做出很酸、醋
味過重的油醋醬。我用的是不甜的馬丁尼的比例，因為你永遠
可以加更多的醋或檸檬，但是卻不能取出。

約 ⅔ 杯，6 至 8 人份。

◆ ½ 大匙切碎的紅蔥頭或是蔥

◆ ½ 大匙第戎式芥末

◆ ¼ 茶匙鹽

◆ ½ 大匙現榨檸檬汁

◆ ½ 大匙酒醋

◆ ⅓ 至 ½ 杯優質橄欖油，或是其他新鮮的好油

◆ 現磨的胡椒

可以將所有的材料都放入蓋緊的罐子裡搖動，或是如下述般地
攪拌在一起。先將紅蔥頭或蔥和芥末與鹽攪拌在一起。打入檸
檬汁和醋，攪拌均勻後再一滴滴地加入油並快速地攪拌，直到
形成非常滑順的乳狀。打入現磨的胡椒。試吃（扔一小片沙拉
青蔬進去），用鹽、胡椒和幾滴檸檬汁調整味道。

| 變 化 |

▌大蒜　將大蒜打成泥（見 57 頁邊欄）加入油醋醬中，或是用
來取代紅蔥頭末。或是用一瓣去皮的大蒜塗抹沙拉碗。或是用
一瓣去皮的大蒜塗抹烤法國麵包圓片（見 24 頁邊欄），切成小
塊後和青蔬拌在一起。

▌檸檬皮　想要顯著的檸檬風味，就選一顆閃亮新鮮的檸檬，
將皮磨碎（只用有顏色的部分），然後拌入醬中。

▌香草　將新鮮的巴西里、細蔥、山蘿蔔、茵陳蒿、蘿勒還有

蒔蘿等切碎，然後打入完成的醬汁內。

▌甜酸油醋醬　尤其適用於鴨、鵝、豬肉還有野味上。在油醋醬中打入 1 大匙的海鮮醬或是切碎的印度甜酸醬，甚至喜歡的話，也可以加入一滴滴的黑芝麻油。

▌羊乳酪油醋醬　將約 1/3 杯的羊乳酪（Roquefort）弄碎，然後拌入 2/3 杯的油醋醬中，或者任何你喜歡的比例皆可。我很喜歡的一道沙拉是在聖塔芭芭拉的賽微亞咖啡屋吃的，半顆或是 1/4 顆的蘿蔓，切面朝上放在盤中，上面淋上羊乳酪油醋醬。

含羞草沙拉（即雞蛋沙拉）
Salad Mimosa

6 人份。仔細地將兩顆白煮蛋切成丁，和 2 大匙如巴西里、細蔥、蘿勒或是茵陳蒿之類的切碎的香草拌在一起。略用鹽和胡椒調味，上桌前撒在沙拉上即可。

縐葉苦苣、培根水波蛋沙拉
Curly Endive with Bacon and Poached Eggs

6 人份。煮六顆水波蛋。將 2 吋見方大小的培根塊切成 1/4 吋厚，1 吋長的長丁，汆燙（見 86 頁邊欄），煎成淡棕色，在煎鍋中留下 1/2 大匙的油，其餘倒出。直接在煎鍋中製作油醋醬，用培根的油作為醬的一部分。將縐葉苦苣和油醋醬拌在一起，每碗沙拉上再飾以煎過的培根和水波蛋。再撒上切碎的巴西里。

溫鴨腿沙拉
Warm Duck Leg Salad

當你把鴨胸用掉，還有多餘的鴨腿可用時，尤其建議做這道沙拉。去骨、去皮，然後將肉放在兩層塑膠膜內敲打成 1/4 吋的厚度，再切成 1/4 吋寬的長條。用一點橄欖油快速地翻炒至略成棕

色，但是內部仍呈現玫瑰紅的狀態。和甜酸油醋醬拌在一起，
放在捲縐的沙拉菜上。

主菜沙拉
MAIN COURSE SALADS

基本食譜

尼斯沙拉
Salade Nicoise

所有的主菜沙拉中，我最喜歡尼斯沙拉，有新鮮的奶油萵苣做
底，仔細煮過但仍舊鮮綠的四季豆，還有對半切的白煮蛋、成
熟番茄、黑橄欖的鮮豔對比，再佐以鮪魚塊和剛開的罐頭鯷魚
（見邊欄）。對我而言，這是春夏秋冬四季完美的輕食午餐，
一道能取悅每個人的組合。

6人份

◆1大顆波士頓生菜，洗好、脫水

◆1磅四季豆，煮好、殺青（見46頁邊欄）

◆1½大匙碎紅蔥頭

◆½至⅔杯的基礎油醋醬（見35頁）

◆鹽和現磨的胡椒

◆3或4顆成熟的番茄，切瓣（或是用10到12顆小番茄，切半）

◆3或4顆的馬鈴薯，去皮、切片、煮熟（見41頁馬鈴薯沙拉）

◆2罐3盎司的鮪魚塊，最好是油浸包裝

◆6顆白煮蛋，去殼、切半（見99頁）

◆1盒剛打開的鯷魚罐頭（見邊欄）

◆⅓ 杯小顆的尼斯式黑橄欖

◆2 到 3 大匙的酸豆

◆3 大匙切碎的新鮮巴西里

將生菜葉排放在大盤上或是淺碗內。上桌前，將四季豆、紅蔥頭、數匙的油醋醬以及鹽和胡椒拌在一起。番茄上刷上油醋醬。將馬鈴薯放在盤子的中央，將四季豆堆在兩側，然後再交錯排放番茄和鮪魚塊。切半的白煮蛋蛋黃朝上，繞在盤子邊上，上面再放上一尾捲曲的鯷魚。用湯匙淋上油醋醬，撒上黑橄欖、酸豆、巴西里，就可上桌了。

如何煮碎小麥

將 1 夸特的開水倒入 1 杯生的乾燥碎小麥中。浸泡 15 分鐘，或是直到碎小麥變軟。濾去水分，用冷水沖洗，然後用毛巾擠壓乾。倒入各 1 杯的橄欖油、切碎的洋蔥和巴西里。用鹽、胡椒和檸檬汁調味。

變　　　化

▌**冷烤肉沙拉**　將一磅冷卻的烤肉或是燴牛肉、羊肉或是豬肉，切成薄片、肉塊或是長條，然後與足夠覆蓋肉的油醋醬一起放在碗內，置入冰箱冷卻幾小時，不時地翻動並且用醬汁刷一下肉。上桌前，漂亮地排放在盤上，用醃黃瓜、酸豆、橄欖、番茄、切片的紅洋蔥和青椒、煮過的四季豆或是任何其他你喜歡的蔬菜擺在周圍。

▌**敘利亞羊肉沙拉**　將十來片切成薄片的烤羊腿肉，和新鮮、打成泥的罐頭鯷魚，以及蒜味的油醋醬醃幾個小時。再將 3 杯左右煮好的碎小麥（見邊欄）放在盤中央，周圍用薄羊肉片環繞。隨意使用橄欖、白煮蛋、番茄瓣、甜椒絲、醃黃瓜做裝飾（見 44 頁）。

▌**雉雞、鴨、雞或火雞胸沙拉**　將煮好的禽類胸肉切成片，用油醋醬醃 30 分鐘左右。然後，每一份沙拉，先放一些柔軟縐葉的生菜，然後再放上幾片胸肉。用油醋醬刷過，並且用小塊的柳橙、紅洋蔥薄片，以及 1 匙烤過的松子做裝飾。

調理機美乃滋

將一顆蛋打入調理機的碗內,加入 2 個蛋黃,開機攪拌 30 至 45 秒,或者直到蛋液變稠並且呈檸檬色。機器仍在攪拌時,加入 1 大匙的新鮮檸檬汁或酒醋,1 茶匙的第戎芥末,½ 茶匙的鹽,和些許的現磨白胡椒。接著,一滴滴地慢慢加入橄欖油或植物油,直至 2 杯。在加了約 ½ 杯之後,就可以加速油的加入,直到做出濃稠的美乃滋。仔細品嘗,視需要加入檸檬汁或醋,還有調味。

儲存 放入加蓋容器,進冰箱冷藏,可以維持大約一周。注意,冷藏的美乃滋可能會在攪拌時分解會是變稀薄,最好是一匙匙地將它放入溫熱的調理碗中,每加一匙就快速地攪拌。

解難 如果美乃滋分解或是變稀的話,就靜置數分鐘,直到油浮到表面。盡可能地用湯匙舀入另一隻碗中。將一大

基 本 食 譜

雞肉沙拉
Chicken Salad

6 至 8 人份

* 6 杯煮熟的雞肉,切成適當大小塊狀

* 鹽和現磨的白胡椒

* 1 至 2 大匙的橄欖油

* 2 至 3 大匙的新鮮檸檬汁

* 1 杯切丁的嫩芹菜梗

* ½ 杯切丁的紅洋蔥

* 1 杯切碎的核桃

* ½ 杯切碎的巴西里

* 1 茶匙切即碎的新鮮茵陳蒿葉(或是 ¼ 茶匙乾茵陳蒿)

* ⅔ 杯的美乃滋(見邊欄)

* 新鮮的生菜,清洗、脱水

裝飾:切片或切碎的白煮蛋、巴西里枝、切絲的紅辣椒,可全部或是單選一樣。

將雞肉、鹽、胡椒粉、橄欖油、檸檬汁、西洋芹、洋蔥和胡桃都拌在一起。加蓋並且放在冰箱內冷藏 20 分鐘至隔夜。濾除多餘的液體,拌入巴西里和茵陳蒿。試吃,並且調味。拌入足以包覆食材的美乃滋。將生菜撕碎,排放在盤上然後將沙拉放在上面。在雞肉上面抹上一層薄薄的美乃滋,然後用蛋、巴西里還有辣椒絲裝飾。

變　　化

▮火雞沙拉　作法同雞肉沙拉。

▮龍蝦、螃蟹、鮮蝦沙拉　依相同的做法,留一些殼做為裝飾。

義大利麵沙拉
Pasta Salad

在我們拍攝電視節目的過程中，曾經有一個外燴公司提供一道還可以的義大利麵沙拉，但是卻日復一日不斷地重複出現，最後大家受不了，就換了一家外燴公司。從此之後，我對這道菜就沒什麼興趣了，不過我承認，只要發揮創意，其實這是一道不錯的菜色。我甚至在電視兒童節目《羅傑先生的左鄰右舍》中展示過一道兒童版本。用很普通的義大利麵條，煮好、濾乾後，和橄欖油、鹽和胡椒、切丁的青椒和紅甜椒、蔥、黑橄欖還有核桃拌在一起，稱為「馬可波羅義大利麵」，還用筷子吃。

美式馬鈴薯沙拉
American-Style Potato Salad

馬鈴薯部分　將 3 磅的馬鈴薯對半切，然後再切成約 3/16 吋厚的薄片。在加過鹽的水中滾煮 3 至 5 分鐘，或至馬鈴薯剛好變軟。將水濾除，將鍋子蓋上，靜置 3 至 4 分鐘，讓馬鈴薯變得結實。在一個大碗中，輕柔地將馬鈴薯片和鹽、胡椒、½ 杯的碎洋蔥，¾ 杯的雞高湯拌在一起。靜置數分鐘，然後再輕柔地拌過、靜置兩次。

完成　拌入切細碎的酸黃瓜，3 或 4 個切碎的白煮蛋，3 或 4 根切成細丁的芹菜梗，4 或 5 條壓碎的酥脆培根。讓沙拉放涼，然後拌入足夠包覆住馬鈴薯的美乃滋。調味，隨意用白煮蛋和巴西里裝飾。

```
變      化
```

▌法式馬鈴薯沙拉

馬鈴薯的部分作法同前，在馬鈴薯還溫熱的時候，拌入橄欖油、

匙的剩餘物放入一個乾淨的碗中。加入 ½ 大匙的第戎芥末，用手打或是手提式的電動攪拌器，迅速地打到呈奶油、濃稠狀。然後從半匙開始，慢慢地加入更多的剩餘成分。之後，開始一滴滴地加入舀出的油。（注意：可以用電動攪拌器，以相同的手法完成。）

將包心菜的底部和頂部
切除。將包心菜切半，
去除中心的梗。將包心
菜切成能放入調理機的
大小，用切片的刀片，
一瓣瓣地處理包心菜，
就能削出切成細絲的包
心菜了。

切碎的巴西里，調味。放涼。

▉ 溫馬鈴薯沙拉和香腸

準備好法式馬鈴薯沙拉，然後上桌時，搭配切成厚片的美味溫
香腸食用。

捲心菜和其他的蔬菜沙拉
COLE SLAW AND OTHER VEGETABLE SALADS

涼拌捲心菜沙拉
Cole Slaw

6 至 8 人份

- 1½ 磅結實、新鮮的包心菜，切成細絲（見邊欄）
- ½ 杯碎胡蘿蔔
- ⅔ 杯嫩芹菜梗切丁
- 1 條中型黃瓜，去皮，縱向對切，去子切丁
- ½ 杯切成細丁的青椒
- ¼ 杯切成細丁的黃洋蔥
- 1 小顆酸蘋果，去皮、去核並且切成細丁
- ¼ 切碎的新鮮巴西里

沙拉醬

- 1 大匙第戎芥末
- 3 大匙蘋果醋
- 1 茶匙鹽
- 1 茶匙糖
- ¼ 茶匙葛縷子或是小茴香子

- ¼ 茶匙芹菜子

- 現磨胡椒

- ½ 杯左右的美乃滋，可省略

- ⅓ 杯酸奶，可省略

在一個大調理碗中，將包心菜和其他的蔬菜、蘋果和巴西里拌在一起。將芥末、醋、鹽和糖調在一起，倒入調理碗中和包心菜拌一起。加入葛縷子或小茴香子、芹菜子和胡椒。嘗一嘗，調味。放置 30 分鐘，或加蓋冷藏。上桌前，將滲出的汁液倒掉，並且再度調味。可直接食用，或是將美乃滋和酸奶拌在一起，然後再拌入沙拉中。

根芹菜雷莫拉沙拉
Celery Root Rémoulade

需要快速進行，免得變色。將 1 磅的根芹菜去皮、切塊，然後用調理機或手工切絲。立刻和 ½ 茶匙的鹽和 1 ½ 大匙的檸檬汁拌在一起，醃 30 分鐘。沙拉醬：將 ¼ 杯的第戎芥末放入溫調理碗中快速地打，然後慢慢地加入 3 大匙的滾水，接著一滴滴地加入 ⅓ 的橄欖油或是植物油，和 2 大匙的酒醋，以製作出濃稠、呈奶油狀的醬汁。拌入根芹菜中，調味然後用切碎的巴西里裝飾。可以立刻上桌，或是加蓋靜置一小時，冷藏則可更久，味道和柔嫩度都會變得更佳。

碎甜菜根沙拉
Grated Beet Salad

2 磅的甜菜根，可提供 6 人份。去皮，然後用調理機或是銼刀磨碎。用 2 大匙的橄欖油略炒，然後放入一大瓣的蒜泥，熱透即可，再拌入鹽、胡椒和 1 大匙的酒醋。拌入 ¼ 杯的水，加蓋，

整顆的甜菜根用烤箱要烤好幾個小時，但是用壓力鍋只要 20 分鐘就好了。在壓力鍋中的架子上放 2 吋的洗過、未去皮的甜菜根，然後加入 1 吋高的水。將壓力調到 15 磅，然後煮 20 分鐘。立刻釋放壓力。趁仍溫熱時去皮。

注意：大部分市售的黃瓜都覆有一層蠟，作為保鮮用。如果你的小黃瓜沒有蠟，那就不需要去皮，也可以享受到有綠邊的小黃瓜片。不論是否有用蠟，都可以不必去子，但是沒有去子的黃瓜會流出更多的汁液。

然後小火滾 10 分鐘或直到甜菜根變軟，水收乾。待涼，再拌入更多的油、醋和調味料。和生菜或是比利時苦苣一同上桌。

變　　化

■甜菜根片沙拉　用整顆去皮的溫甜菜根（見邊欄），切成片放入碗中，和橄欖油、蒜泥（見 57 頁邊欄）拌在一起，加鹽調味。

黃瓜沙拉
Cucumber Salad

6 人份，或者是做為裝飾。將兩條大型的黃瓜去皮，縱切，去子。切成薄片或是細絲，然後加入 ½ 茶匙的鹽，¼ 茶匙的糖和 1 茶匙的酒醋。醃 15 至 20 分鐘，然後倒掉水分（可以將水分留下來做醬汁），即可上桌，或是再拌入切碎的巴西里或是新鮮的蒔蘿，或是拌入酸奶然後用蒔蘿裝飾。

蔬菜

「提供美好、新鮮的蔬菜時，你要展現它們的色彩。」

VEGETABLES

珍珠洋蔥必須維持原狀，但是軟透，馬鈴薯泥必須有柔順飽滿的好馬鈴薯味道。以下是我的建議，讓你能透過蒸、煮、燴的不同手法，達到最佳的效果。

綠色蔬菜的白煮方式
THE BLANCH/BOIL SYSTEM FOR GREEN VEGETABLES

白煮（to blanch/boil）如四季豆之類的綠色蔬菜，必須將它們扔入一大鍋大滾的水中，盡可能地讓水再滾開，然後小火滾幾分鐘，直到蔬菜變軟。2 磅（約 900 克）的四季豆需要 6 至 8 夸特（約 6 至 8 公升）的水，大量的水意味著能夠快速地再滾開，蔬菜就不會變色。如果沒有要立刻上桌，就要立刻瀝乾，將冷水倒入鍋中，殺青，並且維持口感。徹底地濾乾水分，蔬菜可以熱或冷地上桌。因此，你可以提前數小時就煮好。要注意鹽的比例是每夸特的水加 1 ½ 茶匙的鹽，所以 8 夸特水就需要 4 大匙（或是 ¼ 杯）。

白煮蔬菜表
BLANCH/BOIL VEGETABLE CHART

蔬菜名稱	準備工作	烹調（6 至 8 夸特加鹽的滾水快煮）	最後處理
蘆筍 （每份 4 至 6 支）	切掉 ½ 吋老梗，除了尖端的部分都要去皮	平置在不加蓋的滾水中 4 至 5 分鐘，或直到蘆筍略微彎曲。取出，放在布上瀝乾。	在溫熱的蘆筍上淋上融化的牛油，和／或新鮮的檸檬汁。或配上奶油蛋黃醬（見 32 頁）。或是配上油醋醬（見 35 頁）冷食。
四季豆 （1 ½ 磅，約 680 克，4 至 5 人份）	細長的豆子掐去兩端。對於較寬的豆子，可以斜切成 1 吋的小段。	切段的豆子煮 2 至 3 分鐘，完整的則煮 4 至 5 分鐘。立刻瀝乾，做最後處理或是用冷水殺青。	1. 用牛油、檸檬汁、調味料和巴西里一同放入鍋中同炒。 2. 冷卻後拌入油醋醬（見 35 頁）。

蔬菜名稱	準備工作	烹調（6至8夸特加鹽的滾水快煮）	最後處理
青花菜 （1½磅，約680克，4至5人份）	將青花一朵朵切下，去皮。中央梗去皮至淡青色的內部，然後切塊。	不加蓋滾煮2至4分鐘，直到僅餘一點脆度。立刻取出。青花菜很容易就煮過頭，迅速到我不建議提前先煮好。	和蘆筍相同的建議。另外： 1. 撒上新鮮麵包丁（見71頁邊欄），用牛油炒過。 2. 將青花菜放入炒鍋中和橄欖油與大蒜泥拌炒。 3. 準備焗烤（見51頁）。
甘藍芽 （1½磅，4至5人份）	修剪根部，移除鬆脫或是變色的葉片，在根處切出深¼吋的刀口。	不加蓋滾煮4至5分鐘，或軟到可以插入。瀝乾。如果不立刻上桌，可用冷水殺青。	1. 佐以融化的牛油，整顆上桌，或是對半切，然後用熱牛油炒過，直到略微焦黃。 2. 準備焗烤（見51頁）。
菠菜 （3磅，約1.3至1.4公斤，4人份）	用冷水反覆清洗，以去除泥沙。將葉與梗分開。	不加蓋煮到變軟，視菜的嫩度，須1至3分鐘。瀝乾，用冷水沖過，再瀝去水分，將菜擠乾，然後切碎。（如果很嫩，就不需要煮過，直接用油或是牛油炒即可。）	快速地用牛油或是橄欖油，和切碎的大蒜炒過。或是炒過，然後加入½至1杯的高湯或是鮮奶油，用鹽、胡椒和肉豆蔻調味。加蓋用奶油、紅蔥頭燜5至7分鐘，或直至軟嫩。
君達菜 （10片，6至8人份）	將葉的部分與中央的白梗切開，兩者要分開煮。	**梗的部分**：切成¼吋的片狀。慢慢地將3杯水打入¼杯麵粉、1茶匙鹽和1大匙檸檬汁中。煮滾，加入葉梗，小滾30分鐘。瀝乾。葉片部分：滾煮、擠乾、切碎如菠菜。	可用任何菠菜的烹調方式處理。或是將葉片和梗拌在一起，然後像花椰菜般地焗烤，利用煮葉梗的汁當作醬底。

蒸蔬菜
STEAMED VEGETABLES

當你不介意保存顏色時，蒸是一種很容易烹飪數種蔬菜的方式。需要一個能放入有個密實鍋蓋的鍋中的蒸籃。在鍋內倒入 1 吋高的水，放入蒸籃，然後將蔬菜放入籃中。加蓋，將水煮開，當蒸氣開始出現時，即開始計時。

一些蒸食的蔬菜
A HANDFUL OF STEAMED VEGETABLES

蔬菜名稱	準備工作	烹調 （置入蒸籃內，放入有 1 吋高水的加蓋鍋內）	最後處理
朝鮮薊 （一顆，1 人份）	修除梗部。切掉頂端 ½ 吋，用剪刀去除葉子的刺人的尖端。切過的部分用檸檬抹過。	上下顛倒地放入蒸籃中。蒸 30 到 40 分鐘，直到變軟，底部可插入。	1. 溫熱食用，佐以融化的牛油或是奶油蛋黃醬（見 32 頁），沾食葉片。 2. 冷食，佐以美乃滋（見 40 頁）或油醋醬（見 35 頁）。
包心菜瓣 （一顆 2 磅的包心菜，約 900 克，4 人份）	將包心菜切半，再切成一瓣瓣。修除中央硬梗。但不要讓葉片散開。	將包心菜瓣切面朝上放入蒸架上。在已有 1 吋高水的鍋內，再淋 2 杯雞高湯在上面。調味，加蓋，蒸約 15 分鐘，或直到剛好變軟。	大火將蒸汁收到濃稠。拌入 1 至 2 大匙的牛油和切碎的巴西里。淋在包心菜瓣上即可食用。
白花椰菜 （1 ½ 磅，約 680 克，4 至 5 人份）	切掉中間硬梗，並且剝除白花。剝除硬梗的皮，並切成塊。小朵白花也要去皮。	蒸 3 到 5 分鐘，直到僅略帶脆度。	1. 淋上牛油、檸檬或是奶油蛋黃醬，或是撒上用牛油炒過的麵包丁和切碎的巴西里。 2. 用橄欖油、大蒜泥和巴西里一起炒。 3. 焗烤（見 51 頁）。

蔬菜名稱	準備工作	烹調 （置入蒸籃內，放入有 1 吋高水的加蓋鍋內）	最後處理
蛋茄 （一顆 1 磅的蛋茄，約 450 克，4 人份）	清洗蛋茄，整顆放入蒸籃。	蒸 20 到 30 分鐘，直到變軟，略皺，並且很容易就穿透。	修除頂端綠蒂，將蛋茄縱切成半，或是四塊。 1. 在茄肉的部分淋上蒜味油醋醬（見 36 頁），冷熱食皆可。 2. 將茄肉挖出，以橄欖油和洋蔥以及蒜泥同炒，直到略成焦黃。 3. 蛋茄魚子醬：將茄肉用食物調理機打成泥，然後打入蒜泥、多香果、薑、塔巴斯科辣醬，喜歡的話，還可以加入 1 杯碎核桃，一滴滴加入橄欖油，最多可加 4 大匙。

蒸煮蔬菜
THE BOIL/STEAM SYSTEM FOR VEGETABLES

這是一種針對根莖類蔬菜，如胡蘿蔔和小洋蔥之類，以及市售的青豆，尤其有效的烹調方式。與其把蔬菜放在水中煮，然後再濾乾水分，導致連同扔掉許多的味道，你只要用一點液體煮就好了。然後再把水收乾、濃縮味道，用來作蔬菜的調味。

蒸煮蔬菜表
BOIL/STEAM VEGETABLE CHART

蔬菜名稱	準備工作	烹調	最後處理
珍珠小洋蔥 （12至16個，大約1吋大小，4人份）	要去皮的小洋蔥放入滾水中，煮1分鐘。瀝乾用冷水沖過。修除根部，去皮。在根部切出¼吋深的十字痕，以免爆開。	**白燴洋蔥**：在湯鍋中內平鋪一層小洋蔥，倒入雞高湯或水至半鍋滿。加入1大匙牛油，略微調味，加蓋，小火滾煮25分鐘，或直至變軟。**紅燴洋蔥**：在蒸之前先用牛油和油炒過去皮的洋蔥直到略微上色。然後加入液體、鹽和1茶匙糖，加蓋，如前述般烹調。	1. 不加蓋，將多餘的汁液收乾，然後可再拌入1大匙的牛油。 2. 奶油洋蔥：白燴洋蔥剛煮軟時，加入鮮奶油。滾煮數分鐘直到變稠，將汁液淋上。視喜好拌入切碎的巴西里。
胡蘿蔔、防風根、大頭菜、蕪菁 （1½磅，約680克，5至6人份）	去皮後，切成¾吋的大小。	放入湯鍋中，將水加到蔬菜高度的一半。用½茶匙的鹽調味，視喜好加入1至2大匙的牛油。加蓋，大火煮滾後，繼續滾煮8至10分鐘，或直到變軟。開蓋，快速地將汁液收乾。	1. 拌入牛油和切碎的巴西里，和／或青蔥，或是磨碎的新鮮生薑。 2. 用調理機將蒸好的塊莖打成泥。用中火拌煮，以收乾汁液。拌入牛油或是鮮奶油，調味。 3. 金沙：將打成泥的胡蘿蔔（或南瓜）與馬鈴薯泥（見57頁）拌在一起。
南瓜 （1½磅，約680克，5至6人份）	切開後，刮除子和絲。去皮，切成¾吋大小。	如上述般調理。	如上述般打成泥。

蔬菜名稱	準備工作	烹調	最後處理
青豆 （如果還在夾內的新鮮青豆，則 2 磅，約 3 杯青豆仁，6 人份）	將青豆仁放入鍋內。加入 1 大匙軟化的牛油，½ 茶匙的鹽和糖。用手一把一把地用牛油、鹽和糖粗略地搓過青豆。	倒入幾乎可以覆蓋住青豆仁的水。煮滾，加蓋，快滾 10 至 15 分鐘，或直到變軟。	開蓋，有需要的話將汁液煮乾。調味。可視口味拌入更多的牛油。

焗烤蔬菜
ROASTED OR BAKED VEGETABLES

其實就是烤蔬菜。不過「焗烤」（roasted）聽起來比「燒烤」（baked）美味多了。我還是要用我喜歡的詞。

普羅旺斯番茄
Tomatoes Provencal

將番茄切半，然後和香草、大蒜還有麵包丁一起烤。四顆結實、成熟的番茄，供 4 人食用。切半、去子、去汁和囊（見邊欄）。將半杯新鮮的麵包丁、2 大匙切碎的紅蔥頭或蔥，2 瓣切碎的大蒜，1 至 2 大匙的橄欖油、鹽和胡椒拌在一起。略用鹽調味，然後將調味麵包丁放入番茄中。淋上橄欖油，放入預熱至 400 ℉（約 204℃）的烤箱的上層烤 15 至 20 分鐘，直到麵包略呈棕色，番茄變軟但是仍舊維持形狀。

番茄
去皮、去子和去汁液——新鮮的番茄醬。要將番茄去皮，放入一鍋滾水中，恰好燙 10 秒。將蒂頭挖掉，然後從那裡將皮剝除。要去子和去汁，將番茄橫切，然後輕柔地擠出裡面的子和肉，用手指頭挖出剩餘的子。這些都可以切碎或切丁，變成新鮮的番茄醬。

烤南瓜
Baked Winter Squash

1 ½ 磅（約 680 克）的南瓜，4 至 6 人份。要烤任何種類的南瓜，將其對切，然後刮出裡面的子和絲。用牛油和調味料塗抹在南瓜的內側，然後放入預熱至 400 °F（約 204℃）的烤箱裡的底層，直到瓜肉變軟、可食用，這通常至少需要一個小時。切成方便食用的大小即可上桌，或是填入適用於火雞的填料，然後再烤 ½ 小時。烤的時候要用肉汁或是融化的奶油塗抹數次。

烤茄片和茄子披薩
Baked Eggplant Slices and Eggplant "Pizza"

兩個中形茄子（編按：挑矮胖圓弧型的），約 3 磅（約 1350 克），5 至 6 人份。挑選結實、發亮的茄子。清洗後切成 ½ 吋的厚片，在兩面都略撒上鹽，放在紙巾上出水 20 至 30 分鐘。拍乾，放在抹過油的烤盤上，在表面刷上橄欖油。撒上乾義大利或是普羅旺斯香料（見 69 頁邊欄），覆蓋錫箔紙，預熱烤箱到 400 °F，烤 20 分鐘，等它變軟。要做茄子披薩，把番茄醬（見邊欄）鋪在每一片茄子上，撒一點帕瑪森起司，撒一點橄欖油。放在上火下烤成棕色。

焗烤白花菜
Cauliflower au Gratin

5 至 6 人份。3 杯的煮熟白花菜，準備 2 至 2 ½ 杯的白醬（見 31 頁）。在醬內拌入 ⅓ 粗磨過的瑞士乳酪，在抹過油的淺烤盤內薄薄地塗一層牛油。將白花菜放在烤盤內，將剩餘的醬汁淋上，撒上 ¼ 杯的乳酪。在預熱至 425 °F（約 218℃）的烤箱內，烤 20 至 25 分鐘，直到表面起泡，略成褐色。

變　　化

■青花菜或是甘藍芽　完全與白花菜相同的手法料理。

■焗烤櫛瓜　將磨碎的櫛瓜炒過（見 54 頁），但是要留下擠出來的汁液。製作絲絨濃醬（見 31 頁），採用 2 大匙的牛油，3 大匙麵粉和 1 ½ 杯的汁液（櫛瓜汁再加上牛奶）。將櫛瓜拌入醬中，鋪在抹過牛油的烤盤內，撒上 ¼ 杯的瑞士乳酪。在預熱至 400 ℉的烤箱內上層，烤到表面起泡，略成褐色，約 20 分鐘。

嫩煎蔬菜
SAUTÉED VEGETABLES

炒蔬菜是最簡單又最快速的料理蔬菜法。但是，你一定要記得所使用的美味牛油或是初榨橄欖油所帶來的多出來的卡路里。

嫩煎蘑菇
Sautéed Mushrooms

記住：1 磅新鮮的蘑菇＝ 1 夸特；½ 磅切片的新鮮蘑菇＝ 2 ½ 杯；½ 磅切丁的新鮮蘑菇＝ 2 杯；¾ 磅（3 杯）切片或是切成四瓣的新鮮蘑菇＝ 2 杯炒蘑菇。

在一個大炒鍋中加熱 1 ½ 大匙的牛油和 ½ 大匙的油，翻炒 ¾ 磅新鮮切瓣的蘑菇，等到牛油逐漸不起泡時，倒入蘑菇。炒數分鐘，經常地翻動以讓蘑菇吸收牛油，到蘑菇開始變色時，牛油會再度開始起泡。倒入 ½ 大匙碎紅蔥頭，用鹽和胡椒調味後，再炒 30 秒。

▌蘑菇泥　將 ½ 夸特（½ 磅）新鮮的蘑菇切成細丁。一小把一小把地逐次將細丁放入乾淨的布中，扭轉以榨出蘑菇汁。如前述般炒過，在最後加入切碎的紅蔥頭。若要酒香，拌入 2 大匙不甜的波特酒，或是馬德拉酒，然後略微收乾。

炒洋蔥甜椒
Pipérade-Sauéed Peppers and Onions

製作 1 ½ 杯。用 2 大匙橄欖油炒一顆切片的中型洋蔥，直到變軟但沒有變色。加入一顆切片的中型紅甜椒、1 顆切片青椒、和一瓣磨成泥的大蒜。用一大撮普羅旺斯香料（見 69 頁邊欄）調味，再加上鹽與胡椒。用小火繼續炒數分鐘，直到甜椒變軟。

炒櫛瓜末
Grated Sautéed Zucchini

製作 1 ½ 磅（約 680 克），4 人份。將櫛瓜磨碎，放入濾網，加 1 ½ 茶匙鹽，燙 20 分鐘。然後一小把一小把地用布巾搾出汁液。用 1 大匙切碎的紅蔥頭和 2 大匙橄欖油或是牛油快炒一下，然後加入櫛瓜末，用大火快炒 2 分鐘左右，直到變軟。

▌奶油櫛瓜　煮軟後，拌入 ½ 杯動物性鮮奶油，再滾煮至鮮奶油被櫛瓜吸收，然後再拌入 1 大匙的切碎巴西里或是茵陳蒿。
▌焗烤櫛瓜　見 53 頁。

炒／蒸甜菜根末
Grated Sautéed/Steamed Beets

製作 1 ½ 磅，4 人份。甜菜根去皮，磨成碎末。和 2 大匙融化

的牛油一同放入不沾炒鍋內。加入 ¼ 吋（約 3 公分高）的水，
和 1 茶匙紅酒醋，用中火煮滾加熱 1 分鐘，不斷地攪拌。加蓋，
用小火滾煮約 10 分鐘，視需要加入更多的水，煮至甜菜根變軟，
汁液收乾。再攪拌入 1 大匙左右的牛油，然後調味。

變	化

▌蕪菁、大頭菜和胡蘿蔔　磨碎後，以相同的手法炒／蒸。

洋蔥醬
Brown Onion "Marmalade"

3 杯切片的洋蔥可製成約 ½ 杯。用 2 至 3 大匙的牛油小火慢炒
約 15 分鐘，直到變軟而且透明。將火調大，再炒 5 分鐘左右，
不斷地攪拌直到變成漂亮的棕色。

燴蔬菜
BRAISED VEGETABLES

某些蔬菜需要用比較長的時間去烹煮時，就採用「燴」的手法，
也就是加蓋，然後用蔬菜本身的汁液去蒸熟。

燴西芹
Braised Celery

每份需要 ⅓ 到 ½ 棵料理好的西洋芹心。視厚度將西洋芹心縱
切成 2 或 3 塊，用流水清洗。將切面朝上，放在一個抹過牛
油、防火的烤盤內。撒點鹽，每一塊上抹上 1 茶匙的調味燜菜
（見 56 頁邊欄），將雞高湯倒至 ⅓ 的高度。煮開，將抹過牛

提供燴的肉類和蔬菜更濃郁的滋味。約 1/3 杯。將各 1/4 杯切成細末的胡蘿蔔、洋蔥和芹菜，加入一小撮的百里香和 2 大匙牛油慢炒約 10 分鐘，視口味可加入 1/4 杯火腿丁。煮軟後，調味即可。

油的蠟紙放在西洋芹上，用錫箔包起來，在預熱至 350 ℉（約 177℃）的烤箱內烤 30 至 40 分鐘，直到軟爛。將汁液倒入鍋中，然後收到濃稠。放入 1 大匙左右的牛油，然後淋在西洋芹上。

變　　化

▐ 燴青蒜　每人份是一支粗大或兩支纖細的青蒜。粗的青蒜須縱切成兩半，纖細的則可保留完整。將切面朝上，平鋪在抹過牛油的烤盤內，然後如燴西洋芹般進行，但是不要加調味蔬菜。

燴苦苣
Braised Endives

10 棵苦苣，5 至 10 人份。修整苦苣的根部，不要讓葉片散掉。在一個抹過牛油的砂鍋內平鋪成一層。略撒點鹽，1 1/2 大匙的牛油切成碎塊排放在上面，撒上 1 茶匙的檸檬汁。將水加至 1/2 的高度，然後煮至沸騰。小火慢煮 15 分鐘，或是直到變軟。將抹過牛油的蠟紙放在苦苣上，將沙鍋蓋上，然後在 325 ℉（約 163℃）的烤箱內烤 1 1/2 至 2 小時，或直到苦苣變成淡奶油黃。

甜酸紫包心菜
Sweet and Sour Red Cabbage

4 至 5 人份。在大湯鍋內用 2 至 3 大匙牛油或油或豬油炒 1 杯紅洋蔥片，直到變軟。拌入 4 杯切碎的紫包心菜，1 顆酸蘋果的碎末，2 大匙紅酒醋，1 瓣大蒜的泥，1 片月桂葉和 1/2 茶匙的葛縷子，各 1 茶匙的糖、鹽和胡椒，然後再加 1/2 杯水。加蓋用大火煮滾後再煮 10 分鐘，偶爾翻動，視需要加入更多的水，直到包心菜變軟，水分收乾。試吃後調味。

馬鈴薯
POTATOES

馬鈴薯泥
Mashed Potatoes

2 ½ 磅（4 至 5 顆，約 1130 克）的大型馬鈴薯，6 人份。馬鈴薯去皮、切成四塊，在鹽水（每夸特加 1 ½ 茶匙的鹽）中煮 10至 15 分鐘，或直到戳入可以穿透（不要煮太過了）。瀝乾放回鍋中炒 1 分鐘，好去除多餘的水分。可用薯泥器或是用電動攪拌器以慢至中速攪拌，慢慢地滴入熱牛奶或是鮮奶油。用鹽和白胡椒調味，一湯匙一湯匙地慢慢交替加入 ½ 杯牛油與熱牛奶或是鮮奶油，最多至 ½ 杯。如不立刻食用，將鍋子放在幾近沸騰的水上，略微地蓋上，讓馬鈴薯有流通的空氣。可以維持 1小時左右，三不五時地攪拌一下，上桌前可視喜好再加入更多的牛油。

變　　　化

▍蒜味馬鈴薯泥　在搗碎馬鈴薯之後，將一整球的大蒜或是兩瓣燴過的大蒜放在滾開的鮮奶油中（見邊欄），打入馬鈴薯中，然後進行調味，加牛奶或是鮮奶油和牛油。（在我早期的電視節目中我採用比較複雜的白油糊的做法，但是這個簡單而且好吃多了。）

蒸馬鈴薯
Steamed Whole Potatoes

適用於紅皮小馬鈴薯，或是其他小型的馬鈴薯。將馬鈴薯刷乾淨，視喜好可削去中央一圈皮。放入蒸籃中，置於有 2 吋以上

大蒜
大蒜知識

要將蒜瓣從蒜頭上剝下來，先將頂端切除，然後用拳頭或是刀背用力敲擊。要剝蒜皮，可將大蒜放入滾水中，滾 30秒，然後蒜皮就會輕易地脫落了。要切蒜末，在檯面上拍擊大蒜瓣，去皮後用刀切成碎末。

大蒜泥：在蒜末上撒上一大撮的鹽，然後用刀背將蒜末在流理臺上來回搓壓，或是用研磨缽搗成泥。

要移除手上的蒜味，用冷水洗手，用鹽搓過，然後再用肥皂和溫水洗手，視需要可重複。

燴蒜瓣

將一整球大蒜剝了皮的蒜瓣和 1 大匙的牛油或是橄欖油放入一個加蓋小鍋中滾煮 15 分鐘左右，直到變軟但是沒有變色。

奶油燴蒜瓣

前述的蒜瓣用 ½ 杯的鮮奶油燴煮 10 分鐘左右，直到軟到要融化。用鹽和白胡椒調味。

的水的鍋內。煮滾,略微加蓋蒸 20 分鐘左右,或至能輕易地穿透。直接上桌,用融化的牛油調味,或是去皮切片當作沙拉。

水煮馬鈴薯片
Boiled Sliced Potatoes

專用於沙拉。約 1 夸特。選擇相同大小、適合水煮的馬鈴薯。去皮、切成 ¼ 吋的片狀,然後放入冷水中,以免變色。瀝乾,然後加入新鮮的水至可掩蓋住馬鈴薯,每夸特的水須加 1 ½ 茶匙的鹽。滾煮 2 至 3 分鐘,小心測試確定已煮軟。瀝乾,加蓋,然後靜置恰好 4 分鐘,讓馬鈴薯變得結實,開蓋後要在馬鈴薯仍舊溫熱的時候調味。

焗烤多菲內馬鈴薯千層派
Scalloped Potatoes—Gratin Dauphinois

2 磅的水(近 1 公升)煮馬鈴薯,4 至 6 人份。清洗馬鈴薯,如前述般地去皮、切片。在烤盤內抹上牛油,用一瓣大蒜的泥塗抹在底部,將馬鈴薯一片片地放入。熱 1 杯用鹽和胡椒調味過的牛奶,倒在馬鈴薯片上,視需要可加更多的牛奶,直到馬鈴薯的 ⅔ 的高度。在爐上煮滾,將 2 至 3 大匙的牛油切小塊,散布在馬鈴薯上。放入預熱至 425 ℉(約 218℃)烤箱的上層,烤 25 分鐘,直到馬鈴薯變軟,上面呈現漂亮的褐色。

變　　化

▌焗烤薩瓦馬鈴薯千層派　用牛油嫩煎 3 杯薄洋蔥片,並準備好 1 ½ 杯碎瑞士乳酪備用。在烤盤中層層鋪放上洋蔥和乳酪以及馬鈴薯片。不用牛奶,而改用 2 杯調味的雞或牛高湯,倒在馬鈴薯上,直到 ⅔ 的高度。放入預熱至 425 ℉烤箱的上層,用

汁液刷馬鈴薯數次，直到完全被吸收，烤到馬鈴薯呈現漂亮的褐色，約需 40 分鐘。

█ 馬鈴薯安娜 2 磅水（近 1 公升）煮馬鈴薯，4 至 6 人份。如前述般地準備好馬鈴薯片，要乾燥。將淨化奶油（見邊欄）倒入 10 吋的平底鍋內至 ¼ 吋高，在中火上迅速地將鍋底鋪滿一層馬鈴薯片，彼此相疊形成一個圓圈。搖動鍋子以免沾黏，刷上一些牛油，然後再一次鋪馬鈴薯、刷牛油，每隔幾層就用鹽和胡椒調味。等到鍋子滿了的時候，煮 3 至 5 分鐘讓底層焦脆。將火關小，加蓋煮 45 分鐘，或是直到馬鈴薯能輕易地被穿透，要確保底不燒焦。將馬鈴薯派的周圍弄鬆，翻倒入熱盤內。

嫩煎馬鈴薯塊
Sautéed Diced Potatoes

1 ½ 磅的水煮馬鈴薯，4 人份。馬鈴薯去皮，切成 ¾ 吋的塊狀，放入冷水中去除澱粉。瀝乾，在布巾上弄乾。用 3 大匙的淨化奶油，或是 2 大匙的牛油加 1 大匙的油，用大火炒，經常翻動直到呈現漂亮的棕色。火關小，略用鹽、胡椒調味，也可以加上普羅旺斯香料（見 69 頁邊欄）。加蓋，煮 3 至 4 分鐘，直到變軟。如果不立即食用，可以維持約 15 分鐘的溫度，不要加蓋。上桌時，以中高火加熱，然後放入 1 湯匙的碎紅蔥頭和巴西里，再加上 1 大匙左右的牛油。翻炒數分鐘，即可上桌。

最好吃的馬鈴薯煎餅
The Best Grated Potato Pancakes

這是我對六〇年代中莎莉・達爾（譯註：Sally Darr，著名的美食家雜誌編輯）在她那迷人的紐約鬱金香餐廳所提供的美食的詮釋。3 至 4 個大馬鈴薯，6 人份。將馬鈴薯蒸 15 至 20 分鐘，

淨化奶油
簡單的做法是融解牛油，然後將清澈的黃色液體倒出，留下乳狀的殘渣。專業、可長期保存的做法：在一個大湯鍋內，以小火將牛油加熱沸騰，直到泡泡幾乎完全消失，然後用一個濾茶器過濾出清澈的黃色牛油，倒入玻璃罐中，放在冰箱或冷凍庫內，可保持數月之久。

直到幾乎但尚未變軟。靜置數小時，直到完全冷卻。去皮，然後用刨刀的最大孔將馬鈴薯刨好。撒上鹽和胡椒，粗略地分成六堆。在煎鍋中抹上 ⅛ 吋的淨化奶油（見 59 頁邊欄），等奶油熱時，倒在 2、3 堆鋪在鍋內的馬鈴薯堆內，用鍋鏟將馬鈴薯絲壓在一起 4 至 5 分鐘。煎數分鐘，直到底部變焦黃，小心翻面，把另一面煎黃。放置一旁，不要加蓋，短暫地在 425 ℉（約 218℃）的烤箱內再加熱。

| 變 化 |

■ **大馬鈴薯派**　將馬鈴薯鋪成一個大蛋糕狀，然後在大不沾鍋內嫩煎。當底部變黃後，可以拋空翻面，或是將馬鈴薯滑到一張烤紙上，然後再將焦黃的部分朝上，倒回鍋中，以煎黃另一面。

薯條
French Fries

3 磅（4 或 5 個，約 1350 克）長約 5 吋、寬約 2½ 吋的馬鈴薯，6 人份。將馬鈴薯修整成平整的長方形，然後切成 ⅜ 吋的長條。在水中涮過，以去除表面的澱粉。在炸之前，瀝去水分，完全弄乾。將 1½ 杯的新鮮炸油（我用 Crisco 牌）加熱至 325 ℉。每次炸約 1½ 個馬鈴薯的分量，約 4 至 5 分鐘，直到完全熟透，但是沒有變成棕色。瀝乾，攤在廚房紙巾上。至少放涼 10 分鐘（或是可長達 2 小時）。食用前，將油加熱至 325 ℉（約 163℃）後，一小把一小把地逐次油炸 1 至 2 分鐘，直到呈現漂亮的金黃色。取出，在紙巾上瀝乾。略加鹽調味，立刻食用。

米
RICE

煮白米飯
Plain Boiled White Rice

製作 3 杯白飯。量一杯白米放入厚底的湯鍋中，攪拌入 2 杯冷水，1 茶匙鹽和 1 至 2 大匙的牛油或是優質橄欖油。需時時攪拌，用大火煮滾，將火關小，密實加蓋，悶煮 12 分鐘，如果是義大利米就只需 8 分鐘。等到水分完全被吸收，表面看得到蒸氣孔時就煮好了。煮好的飯除了中心微微的咬勁之外，幾乎完全變軟。離火覆蓋靜置 5 分鐘，就完成了。用木叉把飯翻鬆，調味。

變　　　化

▋ 法式燴飯 Rissoto　用 2 大匙牛油炒 ¼ 杯切碎的洋蔥，直到軟化。拌入 1 杯米，用木叉攪拌 2 至 3 分鐘，直到米看起來有點透明。倒入 2 大匙的不甜法國苦艾酒和 2 杯雞高湯，加 1 片進口的月桂葉煮至滾。略微調味。攪拌一次，用小火煮、加蓋，如白米般地燜煮。

▋ 野米燴飯　1 ½ 杯的米，可煮出 4 杯的飯，6 至 8 人份。要清洗並且先軟化野米，要徹底的清洗並且瀝乾，然後用 4 杯水滾煮 10 至 15 分鐘，直到軟化，但是在米中央仍略硬。瀝乾，再度用冷水清洗。然後用燴飯的方式繼續進行，但是用 ¼ 杯的調味蔬菜（見 56 頁邊欄）或是蘑菇泥（見 54 頁）取代洋蔥。煮軟時，在鍋中用木叉子拌炒，以收乾水分，讓飯變得較為酥脆，視喜好可再加入約 1 大匙的牛油。

乾豆類
DRIED BEANS

乾豆類前製作業──快速浸泡
Dried Beans Preliminary—the Quick Soak

挑好 1 杯乾豆子，去除雜質徹底清洗，然後用 3 杯水煮至滾。滾煮 2 分鐘，加蓋，靜置 1 小時。這樣子豆子和其水分都可以烹調了。

不加蓋煮豆法
Open-Pot Bean Cookery

1 杯乾豆子可以煮成 3 杯分量，4 至 6 人份。在前述的豆子和水分中，加入一把中型香料束（見 84 頁）、1 顆去皮的洋蔥和胡蘿蔔，可視喜好加入一塊 2 吋大小的鹹豬肉（見 86 頁邊欄）。用鹽略微調味，加蓋，小火滾煮 1 至 1½ 小時，或直到變軟。

壓力鍋煮豆法
Pressure Cooker Beans

和前述不加蓋煮豆法相同的食材，以 15 磅的壓力煮 3 分鐘。離火，讓鍋子自行釋放壓力──約需 10 至 15 分鐘。

慢鍋煮豆法
Crock-Pot or Slow-cooker Beans

不需要事前浸泡。只要將生的、未經浸泡的豆子和其他的食材在下午六點時放入慢鍋內，調到小火，到第二天的早上，豆子應該就煮到完美狀態了（或是把它們放在加蓋的砂鍋內，然後用 250 °F 烤一整夜）。

肉類、禽類和魚類

「肉類、禽類和魚,都各有特色,但是大部分都可以用相同的手法烹調。」

MEATS, POULTRY,
AND FISH

成功的煎炒——
食材要乾燥

如果食材是潮濕的，就會變成蒸而不是煎了。用紙巾把食材拍乾，或者是再調味，然後在烹調前拍上麵粉。

熱鍋

將鍋子放在大火上，加入牛油或是油，等到牛油的泡沫開始變少，或是直到油幾乎開始冒煙。然後唯有在這個時候才加入食材。如果不夠熱的話，食材就不會上色。

不要在鍋中擠成一團

最好確定食材之間能有約 1/4 吋的空間。如果食材全部都擠在一起，就會被蒸熟而不是被煎熟。千萬別落入在鍋中放入太多食材的陷阱。如有需要的話，分成兩、三次煎炒，否則的話一定會悔不當初。

煎鍋

買一個好而且扎實的煎鍋，一個能容納你的食材，大小適中的煎鍋。我和值得信賴、10 吋的 Wearever 牌專業重量長柄不沾鋁鍋要白首偕老了。我也有一個比較小

煎炒
SAUTÉING

烹調一塊 1/2 吋（約 4 公分）厚、一人份的肉類、雞肉或是魚，最快又最簡單的方式就是煎炒（sauté）。意思就是把那塊肉擦乾，扔入熱鍋中，迅速地煎熟一面，然後另一面，直到呈現漂亮的金黃色，或是恰好熟透。肉汁在鍋中糖化，成為迅速又美味的淋醬的基底。如果肉比較厚，只要煎久一點就好了，而且可以加蓋煎煮到完成。當然，不同的食材需要一點點不一樣的做法，我們將從基本的煎炒開始，然後再進行其他基本的變化。

| 基 本 食 譜 |

煎牛排
Sautéed Beef Steaks

4 人份

◆ 1 大匙無鹽牛油

◆ 1 茶匙淡橄欖油或是植物油——可視需要增加一點

◆ 4 塊整理過、5 至 6 盎司（約 140 至 170 克）、1/2 吋的牛排（無骨里肌、肋排或是其他）

◆ 鹽和現磨的胡椒

肉汁醬

◆ 1 大匙碎紅蔥頭或是蔥

◆ 1 瓣大蒜，磨成泥，可省略

◆ 2/3 杯紅酒，或 1/2 杯不甜白酒或是不甜法國苦艾酒

◆ 1/3 杯牛或雞高湯

◆ 1 至 2 大匙無鹽牛油

將煎鍋放在大火上，將牛油和油置入。當牛油幾乎不再起泡食，

快速地將牛排放入。不要移動地煎約 1 分鐘左右，迅速地用鹽和胡椒調味，然後翻面。在朝上的面上調味，然後再煎黃另一面約 1 分鐘左右，然後測試熟度。

肉汁醬 將肉取出放入熱盤中，在製作醬汁時，需將肉加蓋。將鍋子略微傾斜，幾乎舀出所有鍋內的油脂，用木湯匙拌入紅蔥頭和大蒜，然後炒約 1 分鐘，然後倒入酒和高湯，攪拌讓凝結的肉汁融於液體中。大火滾煮數秒中，直到成濃稠狀。離火，放入牛油，握住鍋把搖盪讓牛油完全融入醬汁中。醬汁會很滑順，而且稍微濃稠，每個人只要淋一小湯匙的醬汁即可。淋在牛排上，即可食用。

變 化

▌**嫩煎小牛肉片** 用 5 至 6 盎司、½ 吋厚的小牛肉（腰內肉或是腿肉）。調味，按基本做法用牛油和油將兩面煎黃。煎到五分熟，或直到用手指頭戳略帶彈性。用切碎的紅蔥頭、白酒、一點馬德拉酒或是波特酒，再撒上一點茵陳蒿製作肉汁醬。

▌**無骨雞胸肉** 要快速地煎熟，我喜歡去皮，然後放在兩層塑膠膜中，敲打到 ½ 吋厚。用鹽和胡椒調味，然後用淨化奶油（見 59 頁邊欄）煎。每面需煎 1 分鐘左右，直到觸感有彈性，小心不要煎過頭了，但是你必須確定雞肉有煎熟——肉汁是清澈的黃色，不帶有粉紅色。用切碎的紅蔥頭、不甜的法國苦艾酒和雞高湯製作肉汁醬。在這裡撒一點茵陳蒿，會非常地適當。

▌**大蒜檸檬蝦** 用 3 大匙的橄欖油和 1 至 2 瓣的切碎大蒜，和碎檸檬皮（只用黃色的部分），煎 30 隻去殼、去腸沙的蝦子。大約 1 至 2 分鐘，等到蝦子都捲起、觸感有彈性時，離火並且拌入 2 大匙新鮮檸檬汁，滴幾滴醬油，再加上鹽和胡椒調味。拌入 2 大匙的新鮮橄欖油和一些碎巴西里及蒔蘿。

的 6 吋鍋，和比較大的 12 吋鍋。注意：這可不是什麼花稍的「美食家」煎鍋，而是常常在五金行就看得到的鍋子。

何時要起鍋？
要迅速而且經常地測試，因為肉可能在很短的時間就變得過熟。用手指頭輕壓。如果覺得像生肉一樣地軟爛，那就是 3 分熟。煎到有點彈性時，就是 5 分熟，沒有彈性時，就是全熟了。

你買的干貝可能泡過鹽水，好讓它看起來較大，但是加熱時，就會出水，導致無法正常地煎煮。如果你直接面對魚販的話，要求沒有泡過鹽水的干貝。無論如何，測試的方式是在一個乾的不沾鍋內短暫地煎一下。如果出水，就一小把一小把地全部加熱過，瀝乾。煎出來的汁液可以留下來製作魚高湯。然後再繼續煎的過程，不過時間就要縮短。

■**大蒜香草煎干貝**　1 ½ 磅（約 680 克）鮮干貝，6 人份。將大干貝切成三或四塊。用鹽和胡椒調味，在煮之前拍上麵粉（見 67 頁邊欄）。將 2 至 3 大匙的淨化奶油（見 59 頁邊欄）或是橄欖油放入大不沾煎鍋內，等到鍋子夠熱但還沒有開始冒煙時，將干貝放入鍋中。每幾秒鐘就翻一下，握住鍋柄搖動。當干貝迅速變熟、開始變黃之際，加入一大瓣切碎的大蒜，和 1 ½ 大匙的碎紅蔥頭，然後加入 2 大匙的新鮮碎巴西里。干貝觸感有彈性時，就是熟了。立即食用。

■**漢堡**　有時候我喜歡原味漢堡，有時候我喜歡加料的。總之，鬆鬆地將肉捏成 5 盎司的肉餅，約 ½ 吋（約 4 公分）厚以方便快速的烹調。

原味漢堡：如果是要用鍋煎，就在鍋內抹上一點植物油，加熱到幾乎冒煙，然後每面約各煎 1 分鐘。我採用基本做法中的手指測試法。我個人喜歡五分熟，就是剛剛開始有點彈性的時候。但是與其採用鍋煎做原味漢堡，我比較建議用波浪燒烤盤。輕輕地抹層油，加熱至幾乎冒煙，然後放入漢堡。油會從漢堡中流出，留在烤盤內的凹槽中。

加味漢堡　製作 4 塊漢堡，將 1 顆磨碎的中型洋蔥拌入肉中，加鹽和胡椒，3 大匙的酸奶，½ 茶匙的混合香料（義大利或是普羅旺斯香料）調味。煎之前，薄薄地拍上麵粉。如基本做法般，在熱油中將兩面煎黃，然後再製作醬汁。

小牛肝和洋蔥
Calf 's Liver and Onions

4 片各 5 盎司（約 140 克）、⅜ 吋的小牛肝。用小火將牛油和油煎 3 杯洋蔥片，等到變軟變透明時，將火調大，讓洋蔥略微上色，再煎數分鐘。倒入盤中備用。在牛肝下鍋前，調味，然

後薄薄地拍上麵粉，要將多餘的粉抖掉。在鍋中再添一些牛油和油，加熱直到泡泡變少，然後牛肝每面不要煎超過 1 分鐘，後面還會再下鍋，而且是要 5 分熟食用。鍋離火，將炒過的洋蔥鋪在牛肝上，倒入 ½ 杯的紅酒或是不甜的法國苦艾酒。將 ½ 大匙的第戎芥末醬拌入 ¼ 杯的雞高湯中，然後拌入其餘的液體中。放在中火上，煮至小滾，用汁液刷在牛肝和洋蔥上約 1 至 2 分鐘。等到牛肝的觸感略帶彈性時，即可食用。

嫩煎魚排
Fillets of Sole Meunière

4 片約 ½ 吋厚的魚排，每片約 5 至 6 盎司。煎之前，用胡椒和鹽調味，拍上麵粉。在鍋中加熱牛油和油直到泡泡逐漸消失，將魚排放入，每面各煎約 1 分鐘，直到魚排的觸感略有彈性。不要煎過頭，如果魚排開始散開的話，就是太過了。將魚放入熱盤上，撒上 1 大匙新鮮的碎巴西里。快速地用紙巾將鍋抹乾淨（這樣子麵粉渣才不會留在牛油中，或換一支乾淨的鍋子）。在鍋中加熱 2 大匙的無鹽牛油，搖動鍋子直到輕微上色。鍋子離火，擠入半顆檸檬的汁液，視喜好可加入 1 湯匙的酸豆，然後將醬汁淋在魚排上。

厚豬排
Thick Pork Chops

當肉厚於 ½ 吋時，就需要比較久的烹調時間，這意味著有可能在內部煮熟之前，就把外面給燒焦了。你有兩個選擇。可以將肉的兩面上色，然後放入 375 ℉（約 191℃）的烤箱內繼續烹煮，適用於牛排、豬排和魚排。或者也可以用大火將兩面上色，然後覆蓋住用小火慢慢地完成烹調，讓肉在本身的汁液中滾煮。

在煎之前在食材上拍上薄薄的麵粉，有助於維持肉的形狀，並且能提供一層保護的脆皮。在鍋中就只會有一點或甚至沒有汁液可製作醬汁，所以可能得用煎過的牛油，至於是魚排的話，就採用下述的醬汁。或者你的肉比較厚，需要比較久的時間烹調，就可以用酒和高湯滾煮一下，那層麵粉會形成較濃稠的醬汁。

4 塊約 1 ¼ 吋厚的豬排。先抹上一點鹽和胡椒、多香果和乾百里香，醃個半天。擦乾，然後將兩面上色。然後倒入 ¾ 杯的不甜法國苦艾酒，½ 杯的雞高湯和 2 大匙的碎紅蔥頭。將鍋蓋上小火煮，每隔 4 至 5 分鐘就快速地把汁液刷在肉上，直到 5 分熟——還略帶粉紅色。最好的檢驗方式就是在靠近骨頭的部位切一刀。將豬排取出放在熱盤上，倒出鍋中多餘的油脂。將汁液收到濃稠狀，然後淋在豬排上。

厚小牛排
Thick Veal Chops

烹調方式如豬排，但是不需要用香草醃過。在滾煮的汁液中，加一點茵陳蒿的效果奇佳，在汁液濃縮後，再添加一點牛油會更好。

煎牛里肌
Sauté of Beef Tenderloin

將肉切成 2 吋的塊狀，每人份約需 3 塊，大約 6 盎司（約 170 克）。拍乾後放入熱油中，每面上色約數分鐘，直到觸感有彈性——應該要維持 3 分熟的狀態。放入盤中備用，用鹽和胡椒調味。用 ¼ 杯的馬得拉或波特酒、½ 杯的動物性鮮奶油製作肉汁醬。將肉倒回鍋中。滾煮數分鐘，不斷地用逐漸濃稠的醬汁刷肉。放入熱盤中，並且用新鮮的巴西里枝葉做裝飾即可上桌。

煎豬里肌
Sauté of Pork Tenderloin

烹調手法與牛里肌相同，但是需要像厚豬排那樣先醃過。最後可能會想要用雞高湯來取代鮮奶油。

白酒煎雞肉
Chicken Sautéed in White Wine

2½至3磅（約1.1至1.4公斤）的雞肉塊，4人份。用熱油將雞肉塊上色。取出雞翅和雞胸，兩者所需的烹調時間比較短。幫雞腿調味，加蓋，繼續用中火煮10分鐘，其間翻面一次。調味雞胸肉，放入鍋中。拌入1大匙的碎紅蔥頭、⅔杯雞高湯、3½杯不甜的白酒或法國苦艾酒，½茶匙乾茵陳蒿，或是普羅旺斯香料（見邊欄）。加蓋，用小火滾煮5至6分鐘或更久，翻面，用鍋中的汁液刷肉，然後繼續煮到肉變軟──總共約需25分鐘。將雞肉放入熱盤上。將鍋中的油舀出，然後將汁液收到一半的量。離火，放入牛油讓汁變得濃郁，淋在雞肉上，即可上桌。

變　　化

▌**普羅旺斯風味**　將雞胸肉放入鍋中後，拌入2杯新鮮的番茄漿，然後繼續照著食譜烹調。將雞肉取出後，將汁液收到濃稠而且細膩，然後仔細地調味。

▌**甜椒佐雞肉**　在另一支鍋中，用橄欖油炒1杯洋蔥片直到變軟，然後加入各1杯的紅甜椒和青椒片，一大瓣切碎的大蒜。翻炒約1分鐘。和雞胸一起加入雞肉中。

▌**洋芋、馬鈴薯、蘑菇雞肉**　取出雞胸肉後，在腿肉中加入3至4個中型的馬鈴薯，每個先切成四塊並且汆燙過，還有8至12顆珍珠洋蔥（見50頁）。繼續按食譜烹調。將雞胸放回鍋中時，拌入1½杯炒過的新鮮蘑菇，就完成了。

用廚房剪刀或是剁刀，
從雞背骨的兩側切下，
然後將骨頭取出。將雞
攤開，雞皮面朝上，然
後用拳頭將雞胸敲平。
切除雞翅皮上的小疙瘩，
將翅膀折起來。要維持
雞腿的位置，必須在雞
胸下方切一道 ½ 吋的開
口，然後將腳跟的部位
塞入。

上火烤
BROILING

上火烤，熱氣來自於上方，與熱氣來自於下方的下火烤恰好相
反。不過，燒烤的優點是比較容易掌控。如果你的燒烤爐設備
完善的話，就可以讓你調整溫度，或是改變食物與熱源之間的
距離。在某些情況下，你必須燒烤兩面直到食材完全熟透，但
是有時候，也可能只要燒烤一面就可以了。尤其是當你烹調類
似剖開的雞時，就會想要燒烤兩面，但是最後以爐烤終結，如
果你的烤箱可以控制上下火的話，就非常地方便。燒烤並沒有
一定的規則，完全看你的決定。以下是一些範例。

基本食譜

燒烤蝴蝶雞
Broiled Butterflied Chicken

4 人份

與其簡單、但毫無新意的燒烤雞塊，或是花上一個多小時燒烤
一隻全雞，倒不如將雞對剖攤平。烹調的時間減半，而且擺盤
上也別致。

◆ 1 隻 2 ½ 至 3 磅（約 1.1 至 1.4 公斤）的雞，對半剖開

◆ 2 大匙融化的牛油混合 2 茶匙植物油

◆ 鹽和現磨的胡椒

◆ ½ 茶匙乾百里香或是綜合香草

肉汁醬

◆ 1 大匙碎紅蔥頭或蔥

◆ ½ 杯雞高湯和／或不甜的白酒或苦艾酒

◆ 1 至 2 大匙牛油，讓醬汁變滑順

將燒烤爐預熱至高溫。在整隻雞上刷上牛油和植物油，然後皮朝下地放在淺烤盤內。將雞放入距離上火 6 吋的位置。燒烤約 5 分鐘，然後快速地用牛油和植物油刷過，繼續燒烤 5 分鐘。這時表面應該上色了，如果沒有上色，就調整溫度或是雞的位置。再刷油，這一回用流入烤盤中的汁液，然後再烤 5 分鐘。用鹽和胡椒調味，每隔 5 分鐘就刷一次油，然後再烤 10 至 15 分鐘，直到雞烤熟（見 69 頁邊欄）。

將雞放在砧板上，靜置 5 分鐘。此時可製作肉汁醬，首先必須將烤盤中多餘的油脂舀出。然後再將紅蔥頭拌入烤盤中，放在爐火上滾煮約 1 分鐘，直到汁液變得濃稠。拌入讓汁液滑順的牛油，淋在雞上面即可上桌。

| 變　　　化 |

▌**燒烤蝴蝶雞和火雞**　燒烤一隻對半剖開的 6 至 7 磅（約 2.3 公斤）的雞或是 12 磅（約 5.4 公斤）的火雞，只需要烤全雞一半的時間。依據前述的燒烤蝴蝶雞的做法，只不過當內側上色後，雞皮也開始上色時，就不用上火，而改用下火。可以在烤箱內完成，我喜歡用 350 ℉（約 177℃）來烤。一隻 6 至 7 磅重的烤雞需要 1¼ 小時，一隻 12 磅的火雞，約需 2 小時。詳見邊欄。

▌**烤春雞**　2 隻春雞，4 人份。如蝴蝶雞般地對剖開春雞，按基本食譜的做法，但是每面只烤 10 分鐘。雞在烤時，用 ⅓ 杯第戎芥末，1 大瓣紅蔥頭末、幾撮乾茵陳蒿或是迷迭香、數滴塔巴斯科醬、3 大匙烤盤內流出的汁液，打成類似美乃滋的醬汁。將醬汁塗抹在雞皮上，然後再拍上一層新鮮的白麵包丁。用剩餘的汁液刷上。用上火完成烤雞。

燒烤雞和火雞的時間

保險起見，最好多估計 20 至 30 分鐘的時間。

燒烤蝴蝶雞

4 至 5 磅：45 分至 1 小時

5 至 6 磅：1 至 1¼ 小時

燒烤蝴蝶火雞

8 至 12 磅：1½ 至 2 小時

12 至 16 磅：2 至 2½ 小時

16 至 20 磅：2½ 至 3 小時

新鮮麵包丁

每當食譜需要麵包丁時，一定要用新鮮手工麵包去做。將麵包皮切除，將麵包切成 1 吋大小的塊狀，每次放入食物調理機短暫地打時，一次不可超過 2 杯的分量，或是用電動攪拌器的話，則每次 1 杯。可以一次製作很多，然後把用不到的冷凍起來。

這是你可以隨性變化的
基本配方。每2磅的肉，
就在碗中調和：2大匙新
鮮的檸檬汁、1大匙醬油
和1茶匙碎迷迭香、百
里香、奧勒岡或是普羅
旺斯綜合香料（見69頁
邊欄），2大瓣大蒜泥和
¼杯的植物油。

烹調、調味和沙拉用油
採用新鮮、無特殊味道
的油作為烹調用油，例
如清淡橄欖油、芥花油
或是其他的植物油。調
味或是沙拉用的橄欖油，
可以清淡或是果香濃郁，
現在因為上好的橄欖油
已成一種地位象徵，你
可能得為標記著「特級
初榨」的橄欖油付出不
小的代價。試試看，以
找出適合自己的品牌。

注意：在現代廚房術語
中，EVOO就是特級初
榨橄欖油（extra virgin
olive oil）。

烤魚排（約 3/4 吋厚，2 公分左右）
Broiled Fish Steaks

適用於鮭魚、旗魚、鮪魚、鰱魚、鯊魚、鬼頭刀等。專注於為
魚的表面上色，不需要翻面。把魚弄乾，在兩面都抹上融化的
牛油或是植物油，用鹽和胡椒調味。放在淺盤中，不要擠在一
起。在魚排的周圍倒入 ⅛ 吋（約 0.3 公分）高的不甜白酒或是
苦艾酒，然後放在預熱的烤爐中上的位置，距離上火 2 吋（約
5 公分）的位置。1分鐘後，在每塊魚排上面刷上一點軟化牛油，
再擠上幾滴檸檬汁。繼續烤 5 分鐘左右，或是直到觸感略帶彈
性——這樣就已經烤熟，但是仍舊多汁。淋上烤盤中的汁液，
即可上桌食用。

變　　化

▌厚魚排（1至2吋，約2.5至5公分）　用上火烤出漂亮的顏色，
然後放入 375 ℉（約 191℃）的烤箱內完成。

▌魚片　適用於鮭魚、鱈魚、鯖魚、鱒魚。保留魚皮，在烹調
時要維持魚片的形狀，遵照前述的魚排做法。

烤羊肉串
Lamb Brochettes

將適合烤的部位，如腿或是腰肉切成 1 ½ 吋（約 4 公分）的大
小。可以按照下述的做法先醃數小時，或是隔夜；否則調味並
且在肉上抹油。將肉串起來，肉塊之間穿上一塊方形的汆燙過
的培根（見 86 頁邊欄）和一片進口月桂葉。將肉串排放在抹過
油的烤盤上，或是位置固定的烤架上。放在距離上火 2 吋的高
度烤，每 2 分鐘就翻轉一次，直到肉變得有彈性。

烤牛腹排
Broiled Flank Steak

烹調時要保持肉不變形，要用小型、銳利的刀輕輕地在兩側表面劃出⅛吋的交錯刀痕。視喜好決定是否要先醃過（見邊欄），半小時到 1 至 2 天之久，或是用鹽、胡椒和一點醬油調味，然後刷上植物油。放在靠近上火的位置，每面各烤 2 至 3 分鐘，直到肉開始變得有彈性時即為 3 分熟。上桌前，逆紋切成薄薄的斜片。

烤漢堡肉
Boiled Hamburgers

前置作業同煎漢堡肉，但是省略拍上麵粉（見 67 頁邊欄）。刷上植物油，放在距離上火很近的位置，每面烤 1 至 2 分鐘，肉剛開始變得有彈性時為 3 分熟。可以在上面放上一點調味牛油（見 74 頁邊欄）。

烤去骨羊腿
Butterflied Leg of Lamb

烹調前一天或是半小時前，先將多餘的脂肪修除，然後皮面向下，將肉攤平。在兩大肉塊的表面縱劃數刀，讓肉攤得更平。用肉的醃料（見 72 頁邊欄）塗抹在肉上面，或是用鹽、胡椒、迷迭香或是普羅旺斯綜合香料（見 69 頁邊欄）和油抹上。放在距離上火 7 至 8 吋的位置，每面烤約 10 分鐘，直到上色，要刷上油。（上色的工作可以在 1 小時內，或是預先先完成。）放入 375 °F（約 191℃）的烤箱內烤 15 至 20 分鐘，當肉內溫度顯示 140 °F（約 60℃）時，即為 3 分熟。在切肉之前，要讓肉靜置 10 至 15 分鐘，好讓肉汁均勻地分布在肉內。

提前燒烤

針對大塊的肉類，像是對剖的烤雞或是去骨羊腿或是豬腰肉，可以預先進行上色的工作。完成後，要略微覆蓋，放置在室溫下，可以之後再完成烹調。

乾香草醃料——適用於豬肉、鵝肉和鴨肉

將下列碎香料放入玻璃罐中，然後每磅的肉用 ½ 茶匙即可。製作約 ¼ 杯：各 2 大匙的丁香、荳蔻皮粉、肉豆蔻、匈牙利紅椒粉、百里香和月桂葉，各一大匙的多香果、肉桂粉和香薄荷，和 5 大匙的白胡椒粒。

鹽的分量

一般而言，在液體中鹽的分量是每夸特加 1 ½ 茶匙。在生肉上則是每磅 ¾ 至 1 茶匙。

調味牛油（適用於烤肉、魚和雞上）

要製作標準的調味牛油，加數滴檸檬汁打入一條軟化的無鹽牛油中，再加各 1 茶匙的碎紅蔥頭和巴西里，以及鹽和胡椒。其他的選擇或是添加食材，可包括大蒜泥、鰻魚、第戎芥末、細蔥或是其他的香草。製作較大的分量，捲成香腸狀，包起來冷凍，隨時可用。

烤去骨豬腰肉
Roast/Broiled Butterflied Pork Loin

要先烤到幾乎完成的狀態，然後再放在上火下方，將皮烤到酥脆。8 人份需 3½ 磅的去骨豬腰肉。買回來後要先把繩子剪掉，因為在肉店內已經先行完成將肉攤平了。修除多餘脂肪，但是在上面要留下 ¼ 吋。在肉厚的部分劃出 ¼ 吋深的刀痕，讓肉攤得更平，然後抹上乾香草醃料（見 73 頁邊欄）或是抹上鹽、胡椒、多香果和碎月桂葉。在肉上抹油，覆蓋住然後放入冰箱內過夜。油脂面朝上，用 375 ℉（約 191℃）烤約 1 小時，直到溫度計顯示 140 ℉（約 60℃）。上桌前半小時，在油脂面上劃出裝飾的格紋，抹入 ½ 大匙左右的粗鹽。用上火慢慢地上色，直到內部溫度達 162 ℉至 165 ℉（約 72℃至 74℃）。

燒烤
ROASTING

燒烤或是烘焙，就是將食物放在烤箱中，通常是不覆蓋的烤盤內，有時候也有加蓋，但是沒有汁液。用汁液去烤的正式說法是燜，或是燉。燒烤通常是烹調全雞或整隻火雞、肋排、羊腿等最簡便的烹調方式了。好在，烤肉就是烤肉，做法差不多都一樣。要給自己足夠的時間。

開始烹調之前 15 分鐘，就要開始預熱烤箱，然後在預估完成燒烤前 10 至 15 分鐘內，就要快速地用溫度計測量肉內部溫度。要記住，燒烤的肉在切之前，需要 15 至 20 分鐘的靜置，讓熱騰騰、噴發的肉汁能夠均勻地散布在肉中。一大塊燒烤肉在切開前，能維持溫度長達 20 分鐘之久，所以要事前計畫好。

注意：本書中所有的燒烤時間都是使用傳統烤箱測量。

基本食譜

烤肋眼牛排

Roast Prime Ribs of Beef

3 條肋骨 8 磅（約 3.6 公斤）重，6 至 8 人份

以 325 ℉（約 163℃）燒烤 2 小時，可達成 3 分熟，肉內部溫度達 125 ℉至 130 ℉（約 52℃至 54℃，每磅需 15 分鐘）

- 1 大匙植物油
- 鹽和現磨胡椒

肉汁醬

- ½ 杯胡蘿蔔和洋蔥各一杯
- ½ 茶匙乾百里香
- ½ 杯切碎的新鮮小番茄
- 2 杯牛高湯

將烤箱預熱至 325 ℉（約 163℃）。將烤肉暴露在外的表面抹上油和鹽。肋骨面朝下放在烤盤上，置於預熱過的烤箱下層。半小時後，用流出的汁液刷在烤肉兩端，將胡蘿蔔和洋蔥放入烤盤內，再刷上油脂。繼續燒烤，再刷油 1 至 2 次，直到在較粗的一端的內部溫度達到 125 ℉至 130 ℉（約 52℃至 54℃）。將烤肉取出。把烤盤中的油脂舀出。拌入百里香和番茄，刮起凝結的肉汁。拌入高湯，煮數分鐘以濃縮味道。調整味道，將肉汁過濾倒入肉汁壺中。

烤紐約客牛排

Roast Top Loin (New York Strip) of Beef

一塊無骨、立即可烤的 4 ½ 磅（約 2 公斤）的紐約客牛排，8 至 10 人份。時間： 1 ¼ 至 1 ½ 小時，425 ℉（約 218℃）烤 15 分鐘，然後是 350 ℉（約 177℃），烤至肉內部溫度為 120 ℉（約

烤牛肉至3分熟的時間：

- 5 根肋骨，12 磅／12 至 16 人份／325 ℉（約 163℃）約需 3 小時
- 4 根肋骨，9 ½ 磅／9 至 12 人份／325 ℉（約 163℃）約需 2 小時 20 分鐘
- 3 根肋骨，8 磅／6 至 8 人份／325 ℉（約 163℃）約需 2 小時
- 2 根肋骨，4 ½ 磅／5 至 6 人份／450 ℉（約 231 ℃）約需 15 分鐘，325 ℉（約 163 ℃）約需 45 分鐘

烤牛肉：溫度與每磅所需的時間

- 2分熟，120 ℉（49℃），每磅 12 至 13 分鐘
- 3分熟，125 至 130 ℉（約 52℃），每磅 15 分鐘
- 5分熟，140 ℉（60℃），每磅 17 至 20 分鐘

簡單辣根醬（尤其適用於烤牛肉）

在 5 大匙的瓶裝辣根醬（horseradish）中，打入 2 大匙的第戎芥末。拌入約 ½ 杯的酸奶，以鹽和胡椒調味。

簡單的羊肉醬汁

將羊的臀骨和尾骨（再加上其他部位的骨頭和碎肉）剁成塊，或鋸是成 ½ 吋的大小，然後在厚底鍋內用一點油，加上切碎的胡蘿蔔、洋蔥和芹菜梗，燒到成焦黃。撒上 1 大匙的麵粉，炒到焦黃，約需攪拌 1 至 2 分鐘。加入一顆切碎的小番茄，一片月桂葉和一大撮迷迭香，再倒入足以覆蓋住材料的雞高湯和水。略微加蓋，小火慢滾 2 小時，視需要加入更多的液體。過濾、去油，然後將汁液收到味道濃縮。加上 ½ 杯的不甜白酒可製作肉汁醬。

簡單的肉類和禽類醬汁

依據前述的原則，可以用在其他的肉類和禽類

49℃）為 2 分熟，125 ℉（約 52℃）是 3 分熟（肉的圓周決定燒烤時間，所以所有長度的烤肉時間都差不多，看重量決定。）兩端抹上鹽和油，然後油脂面朝上放在抹過油的烤架上，烤至一半時，在烤盤上撒落 ½ 杯的洋蔥塊和胡蘿蔔塊。按照基本食譜中的做法製作醬汁。

烤牛里肌
Roast Tenderloin of Beef

一塊無骨、立即可烤的 4 磅（約 1.8 公斤）牛里肌是 6 至 8 人份。時間：以 400 ℉（約 204℃）需 35 至 45 分鐘，內部溫度至 120 ℉或 125 ℉（約 49℃至 52℃）是 3 分熟。烤之前，用鹽略微調味，再刷上淨化奶油。放在烤箱內靠近上面的位置，迅速地翻面且每 8 分鐘就用淨化奶油刷過。醬汁的建議詳見邊欄。

烤羊腿
Roast Leg of Lamb

一根 7 磅（約 3.1 公斤）重，去除臀肉和腰肉之後的羊腿，大約重 5 磅（約 2.3 公斤），8 至 10 人份。時間：在 325 ℉（約 163℃）的烤箱內，2 小時，內部溫度達 140 ℉（約 60℃）時，為 3 分熟。125 ℉至 130 ℉（約 54℃）時為 3 分熟；120 ℉（約 49℃）為 2 分熟。在烤之前，需要在腿上戳約十幾個切口，塞入小片大蒜，然後在表面上刷油，或是抹上一層芥末（見 78 頁邊欄）。在預熱的烤箱內，油脂面朝上，如基本食譜所述，每隔 15 分鐘就用流入烤盤內的汁液刷肉。1 小時後，撒上 ½ 杯的碎洋蔥和數大瓣壓碎但不去皮的大蒜。根據基本食譜製作醬汁，加入 ½ 茶匙的迷迭香和 2 杯的雞高湯。見下邊欄，參考其他的做法。

進口羊腿（紐西蘭、冰島等地）
Imported Legs of Lamb

這些羊腿比美國羊腿要來得小、年輕而且軟嫩。可以像前述一樣用 325 °F 燒烤，每磅須 25 分鐘，或是因為比較軟嫩，可以用 400 °F 燒烤，估計花費時間在 1 小時之內。

羊肋排
Rack of Lamb

兩副羊肋排約 4 至 5 人份（譯註：一副約 7 至 8 根肋骨），每人約 2 至 3 根。如果肋排沒有經過處理，就要自行將肋骨位置上的油脂切除，並且將肋骨清理乾淨。在肋排油脂面上輕劃，然後抹上一層芥末醬（見 78 頁邊欄）。用 500 °F（約 260℃）烤約 10 分鐘，在肉上撒上約 1/2 杯的新鮮麵包丁（見 71 頁邊欄），並淋上一些融化的牛油。再烤 20 分鐘左右，或烤至內部溫度達 125 °F 即為三分熟，五分熟需再烤久一點，溫度達 140 °F。在切開成一根根的肋排之前要先靜置 5 分鐘。

烤豬腰肉
Roast Loin of Pork

製作 4 磅重的無骨烤肉，8 至 10 人份。燒烤時間：350 °F（約 176℃）須 1 1/2 至 2 1/4 小時，至內部溫度達 160 °F（約 71℃）。購入腰內肉的中段，對折後油脂面朝外綑綁起來，製作成圓周約 5 吋的烤肉。極力推薦 73 頁的香草醃料。使用時，將烤肉解開，整個塗抹上香草醃料，每磅肉須 1/4 茶匙。在油脂面上輕劃出刀痕，再重新綑綁起來。覆蓋後放入冷藏 1 至 48 小時。燒烤，偶爾像基本食譜那樣刷油，烤 1 1/2 小時後，在烤盤內撒入各 1/2 杯的碎胡蘿蔔、洋蔥，和 3 大瓣不去皮、壓碎的大

的醬汁上，採用牛肉或是禽類的骨架和碎塊，其他的香草，視情況採用牛高湯。

波特和馬德拉醬
採用完全相同的製作方法，用不甜的波特酒或是馬德拉酒來取代不甜的白酒。

羊腿注意事項
買整隻羊腿時，不論是靠近蹄的部位，或是靠近臀的部位，都是用相同的方式燒烤。臀骨和尾骨已被移除後的羊腿，比較好切。不要買超過 7 1/2 磅重的羊腿，除非確定已經過熟成處理，否則會非常的老。

香草蒜味和芥末糊

將 1/3 杯的第戎芥末、3
大瓣大蒜泥、1 大匙醬
油、1/2 茶匙的迷迭香末
和 3 大匙的清淡橄欖油，
打成如美乃滋狀的醬。
抹在羊腿上，醃 1/2 小時
或是覆蓋放入冰箱內冷
藏數小時，或是過夜。
如果採用這種方式就不
需要在烤的過程中抹油，
也不會產生任何的汁液。
你也可以製作另外一種
醬汁，見 76 頁。

燒烤燻火腿和肩肉

這些買回來的時候就已
經是半熟的狀態了。依
據標籤上的說明燒烤。
我傾向於用酒燴煮，如
85 頁上的描述。

蒜。按食譜準備醬汁，或是準備波特酒醬汁（見 77 頁邊欄）。

變　　化

▌烤新鮮火腿（新鮮豬腿）　一塊 7 至 8 磅（約 3.1 至 3.6 公斤）
無骨腿肉，20 至 24 人份。時間：425℉（約 218℃）烤 15 分鐘後，
再用 325℉（約 163℃）烤，總共約 3 1/2 小時。建議燒烤前先醃製：
將烤肉解開，抹上豬腰肉食譜建議的醃料，醃兩天，然後再綁
起來。用 15 分鐘幫烤肉表面上色，沒有油脂覆蓋的部位，要用
8 至 10 條汆燙過的培根（見 86 頁邊欄）覆蓋保護。如豬腰肉食
譜，繼續以 350℉（約 176℃）燒烤，經過 2 1/2 小時後，撒上蔬
菜。在最後半小時的燒烤時間內，移除培根。這裡非常適用波
特酒醬汁（見 77 頁邊欄）。

肉餅
Meat Loaf

不管是自由塑形或是放入麵包烤模中燒烤，肉餅絕對是大家都
愛的美食，一如它的法式表親「肉派」（the pâté）。因為兩者
非常接近，我認為兩者不過是彼此的變化形式而已。以下是我
最喜歡的兩道食譜。

牛肉和豬肉餅

2 夸特的肉餅，12 人份。用 2 大匙油炒 2 杯碎洋蔥，直到變軟、
透明。放入大碗中，和 1 杯新鮮的麵包丁（見 71 頁邊欄）、2
磅（約 900 克）的絞牛翼板肉、1 磅（約 450 克）的絞豬肩肉、
2 顆蛋、1/2 杯牛高湯、2/3 杯碎巧達起司、1 大瓣蒜泥、2 茶匙鹽、
1/2 茶匙胡椒，各 2 茶匙的百里香和匈牙利紅椒粉，各 1 茶匙的
多香果和奧勒岡拌在一起。要試味道，就炒一匙。倒入抹過油、
2 夸特容量的吐司烤模中，上面再放上兩片月桂葉。以 350℉烤

約 1½ 小時，直到肉汁呈現清澈的黃色，肉餅的觸感略帶彈性。配上番茄醬（見 52 頁邊欄）一同熱食，或是等待冷卻後冷藏。

変　　化

▌**法式鄉村肉派**　6 杯量的吐司麵包烤模，8 人份。用 2 大匙牛油炒 ⅔ 杯碎洋蔥，直到變軟、透明。和 1¼ 磅（約 680 克）的豬香腸肉、¾ 磅（約 340 克）的絞雞胸肉、½ 磅的豬肝或是牛肝、1 杯新鮮的麵包丁（見 71 頁邊欄）拌在一起，加入 1 顆蛋、⅓ 杯山羊乳酪或是奶油乳酪、1 瓣大蒜泥、3 大匙甘邑、1 大匙鹽、各 ¼ 茶匙的多香果粉、百里香粉、進口月桂葉和胡椒粉。炒 1 湯匙以試調味。放入抹過牛油的吐司烤模內，蓋上蠟紙和錫箔紙。放入加有滾水的深烤盤中，烤 1 又 ¼ 至 1½ 小時，直到肉汁幾乎是淺黃色。靜置一個小時，然後在上面放上一塊板子或是兩倍大的烤盤，再用 5 磅（約 2.3 公斤）的重量（例如罐頭）壓上。待涼後，覆蓋冷藏。食用前，須靜置 1 至 2 天。

烤雞
Roast Chicken

一隻 3½ 至 4 磅（約 1.6 至 1.8 公斤）重的雞，4 至 5 人份。時間：1 小時 10 至 20 分鐘，先用 425 ℉烤 15 分鐘，然後改用 350 ℉繼續烤，至內部溫度達 170 ℉（約 76℃）。烤之前，用熱水快速地清洗然後徹底擦乾。為了之後切的功夫方便，可以先取出雞胸骨。用鹽和胡椒調味雞的內部，視喜好在裡面塞上一顆切成薄片的檸檬、一小顆洋蔥和一小把芹菜葉。在整隻雞上約略地撒上鹽，然後用軟化的牛油抹過。將兩隻雞腳綁在一起，然後將雞胸架在抹過油的 V 形烤架上（或是將雞翅交叉折起，然後平放在抹過油的平架上）。

雞烤好了沒？

當烤肉用溫度計插入雞大腿和雞胸之間的部位，溫度到達 165 至 170 ℉（約 74℃至 76℃），然後腿關節能夠轉動，雞腿最厚的部位觸感有彈性時，長籤深深插入時流出的汁液是透明的黃色；當你將雞立起來，從裡面流出來的每一滴汁液都是清澈的黃色，雞就烤好了。

利用內臟和雞脖子製作清淡雞高湯。將雞肝塞入雞內，和雞一起烤，或是留在冷凍櫃中製作炒雞肝或是法式肉派。

烤雞所需時間

從 45 分鐘開始起跳，每磅雞肉加 7 分鐘。換句話說，一隻 3 磅重的雞，基本上需要 45+21（7×3）分鐘，等於是 66 分鐘，或是約略比 1 小時多一點。

不要將火雞從原來的包裝中取出。

放在冷藏室內解凍，一隻 20 磅的火雞需要 3 至 4 天，放入裝滿水的水槽內，則需要 12 個小時。

在預熱的烤箱中，經過 15 分鐘的上色燒烤後，將溫度降到 325 ℉（約 163℃），快速地用流入烤盤內的汁液刷在雞上面，然後每隔 8 至 10 分鐘就刷一次。在 ½ 小時後，在烤盤內撒上各 ½ 杯的碎胡蘿蔔和洋蔥，並且要用汁液刷過。等到雞烤好後，採用基本食譜中的方式製作醬汁。

警告：因為生雞肉內可能含有有害病菌，所以要記得清洗所有和雞接觸過的器具和表面。

變　　化

▌**烤春雞**　每隻約 1 磅（約 450 克）重。準備方式如同烤雞，但要在 425 ℉（約 218℃）的烤箱內烤 35 至 45 分鐘，期間要用汁液刷數次。

▌**烤火雞**　估計每份為 ½ 磅，或是每人 1 磅，再加上剩餘。以 325 ℉（約 163℃）燒烤。沒有填料的火雞：12 至 14 磅，約需 4 小時；16 至 20 磅，約需 5 小時；20 至 26 磅，約需 6 小時。有填料的火雞，則須多加 20 至 30 分鐘。內部溫度：在腿部最厚的部位，175 ℉（約 80℃）；雞胸則是 165 ℉（約 74℃）；填料的中央則是 160 ℉（約 71℃）。填料：每磅的火雞肉，需要 ½ 至 3/4 杯，所以 14 至 16 磅重的火雞，需要大約 2 至 2 ½ 夸特的填料。

坦白說，我個人比較喜歡烤雞時所描述的內部調味，更勝於使用填料，我自己是分開來煮填料的。用火雞脖子和碎肉等，可以採取製作雞高湯（見 21 頁邊欄）的方式製作火雞高湯。留下來的肝、心和胗都可以用來製作調味肉汁（見 81 頁邊欄）。烤火雞的準備工作，包括把胸骨取出，切掉翅膀尖端的疙瘩。將雞脖子皮和背骨用烤肉細叉穿在一起，然後將屁股附近的開口縫合或是串合起來，或是用錫箔封起來。

用鹽和植物油抹在火雞上，雞胸朝上放在抹過油的架子上，每隔 20 分鐘就迅速地用汁液刷一遍。在估計完成前 20 分鐘，開始快速地測試溫度，要注意火雞確切烤好的指標，就是當汁液開始流入烤盤時。

警告：不要事先就把填料塞入火雞，因為很可能會開始變酸變壞，你的美好假期就得說拜拜了。

蒸烤鴨
Steam-Roasted Duck

這是我最喜歡的食譜之一，不但可以去除過多的油脂，而且還會得到美味的胸肉、軟嫩的大腿肉和美麗焦脆的鴨皮。注意，你可以在完成第二道燒烤或是燜的步驟一個小時後，再進行最後一道燒烤。

一隻 5 至 5 1/2 磅（約 2.3 至 2.5 公斤）的鴨子，4 人份。切去胸骨，把鴨翅的尖端切除。將鹽抹在鴨的內部，檸檬抹鴨的內部和外部。鴨胸朝上放在抹過油、置於厚重砂鍋內、1 吋高水中的烤架上，加蓋，放在爐子上蒸 30 分鐘。將鴨子瀝乾，倒出蒸的液體（去油，留下來製作醬汁）。用錫箔鋪在烤架上，鴨胸朝下放。周圍撒上各 1/2 杯的碎洋蔥、胡蘿蔔和芹菜，倒入 1 1/2 杯的紅酒或白酒。略微加蓋，煮滾，然後在 325 ℉的烤箱內燜 30 分鐘。最後，鴨胸朝上放在淺盤中的烤架上，以 325 ℉烤 30 至 40 分鐘，或直到腿肉感覺相當軟嫩。鴨皮呈金棕色而且酥脆。同時，將燜鴨的汁液去油，將裡面的蔬菜搗得爛碎，快速收乾直到變濃稠。過濾，就會得到足夠讓每份鴨肉濕潤的芬芳醬汁。

蒸烤鵝
Steam-Roasted Goose

一隻 9 1/2 至 11 磅的鵝，8 至 10 人份。基本上，採用和鴨子一

下水調味肉汁
依照肉類和禽類的簡單肉汁（見 77 頁邊欄）的製作程序，將切碎的火雞脖子和下水上色。剔除火雞胗的皮，和其他的材料一起滾煮，大約 1 小時、變軟後即可取出。切碎。用牛油炒心和肝，切碎後和胗一起加入肉汁中，滾煮數分鐘後，視喜好加入一湯匙的不甜波特酒或是馬德拉酒。

高溫燒烤
就我的方式，你可以從 500 ℉（約 260℃）開始烤，然後在 15 至 20 分鐘後，等到汁液開始有點燒焦時，將溫度降到 425 ℉。將切碎的蔬菜和 2 杯水加入烤盤內，三不五時視需要加入更多的水，以免燒焦和冒煙。如此，14 磅的火雞大約只需要 2 小時，而非 4 小時的時間。高溫會燒烤出一隻焦黃而且多汁的火雞，但是這麼高溫的烤箱很難掌控，我認為較慢、較長時間的燒烤，烤出來的雞比較嫩。

樣的手法，但是用一支金屬籤，穿過鵝的肩部，以固定翅膀，另外一根籤穿過臀部，固定雙腿，然後再將雙腿腳跟部位緊靠著屁股，綁起來。要移除油脂，就在腿上和胸部下方的皮上戳幾個洞。估計胸朝上的蒸的時間要 1 小時，在烤箱中燜的時間須 1 ½ 至 2 小時，然後 30 至 40 分鐘進行最後的上色燒烤。製作燜汁的方式和烤鴨一樣，但是用 2 ½ 杯的酒或是雞高湯。滾煮到最後時，可視喜好加入 1 ½ 大匙玉米粉，再加入 ½ 杯的不甜波特酒，以增加濃稠度。

烤全魚
Roast Whole Fish

針對鱸魚、竹筴魚（bluefish）、嘉魚、鱈魚、鯖魚、鮭魚、鱒魚以及其他。這是烹調大型全魚最簡單也是最容易的方式了，單靠它自己的汁液就可以烤得很美味。在 400 ℉（約 205℃）的烤箱中，一條 6 至 8 磅的魚需要 35 至 45 分鐘；4 至 6 磅，需要 25 至 30 分鐘；2 至 4 磅，須時 15 至 20 分鐘。

刮除鱗片、清除內臟，取出魚鰓，用剪刀修剪魚鰭。在內部撒上鹽和胡椒，塞入一把新鮮的巴西里或是蒔蘿。用植物油刷在魚的表面，放在抹過油的烤盤上。放入預熱的烤箱內中間，烤到你可以聞到流出的汁液，這就是魚熟了的訊號。此時，可以輕鬆地拔掉背鰭，內部也不會帶有任何血色。佐以檸檬、融化的牛油和牛油醬汁或是奶油蛋黃醬（見 32 頁）。

變　　化

▌較小、較嫩的魚，如鱒魚或是小鯖魚　在 425 ℉的烤箱內，每磅的魚需要 15 至 20 分鐘。一如前述般地將魚處理好，刷上油或融化的牛油。燒烤前拍上麵粉，然後放在抹過油的烤盤上。

燉、燜和白煮
STEWING, BRAISING, AND POACHING

當用液體來煮食的時候，基本上不是燉、燜就是白煮。第一種，也是最簡單的就是燉，最典型的就是法式家常火鍋，把肉和蔬菜放入大鍋中一起煮。燜，比較複雜，因為肉要先經過上色的動作，然後再用有香氣的汁液去煮，紅酒燉牛肉就是最佳範例。白煮適用於比較嬌貴食材，例如白酒煮魚片，只用少量的液體進行小滾。

燉 STEWING

基本食譜

法式家常火鍋
Pot au Feu Boiled Dinner

8 人份

烹調時間：2 至 4 小時，不需要顧著鍋。

◆ 2 夸特牛高湯（見 22 頁，若自行製作高湯，牛肉可以一起煮）或是採用高湯塊加水

◆ 任何的牛骨或碎肉，生熟皆可，可省略

◆ 1 大把香料束（見 84 頁邊欄）

◆ 芬芳蔬菜，約略切塊：3 根去皮胡蘿蔔、3 大顆去皮洋蔥，1 大根清洗過的青蒜、3 大根帶葉芹菜梗

約 5 磅（約 2.3 公斤）去骨適合燉煮的牛肉（帶骨，則需要足夠的肉），例如後腿肉、頸肉、翼板肉、前胸肉、牛小排，單一或混合皆可。

裝飾蔬菜建議：可以採取以下任何或是所有的蔬菜：各 2 至 3

製作大型香料束,將 8 根巴西里枝葉、1 大片月桂葉、1 茶匙乾燥的百里香、4 粒丁香或是多香果,以及 3 大拌壓碎、沒去皮的大蒜,放入清洗乾淨的棉布袋中。有時候,不應放入大蒜,則可以用西洋芹葉以及/或是切開的青蒜取代。

塊的蕪菁(見 50 頁)、防風根(見 50 頁)、胡蘿蔔(見 50 頁),珍珠洋蔥(見 50 頁)、包心菜瓣(見 48 頁)、白煮馬鈴薯(見 57 頁)。

在大鍋中將加入香料束、芬芳蔬菜的高湯(可加入更多的骨頭和碎肉)煮沸。在此同時,用白色棉繩將肉綑綁成整齊的形狀,放入鍋中,視情況加入更多的水,水位須高於材料 1 吋。煮滾後,撈去表面浮渣,然後略微加蓋小火慢滾直到能輕易地用叉子穿透肉塊──切一塊下來嘗嘗以確認。如果肉塊提前煮好,就先取出放在碗內,用一點湯汁覆蓋住。等到肉煮好後,從鍋中取出,過濾湯汁然後去油,調味後,再把肉放回湯內。上桌前,應該可以維持數小時的溫度,或是可以略微加蓋地加熱。

此時,用另一隻鍋加點高湯煮你選擇的蔬菜,要上桌時,把鍋中的汁液瀝入湯鍋中。然後加入足夠的煮的汁液去製作濃郁的醬料和火鍋一起食用。將肉切片,周圍放置蔬菜,然後再刷上高湯,剩下來的倒入醬汁壺內上桌。視喜好,可以搭配法式酸黃瓜、粗鹽和辣根醬(見 76 頁邊欄)。

變　　化

▌**其他肉類**　包括或是取代燉鍋中的肉類,例如豬或是羊的肩胛肉,或是荷蘭香腸。你或許喜歡採用非常細緻的春雞,也可以加入牛肉或是分開煮,在這情況下,採用雞高湯而不用牛高湯。

▌**燉小牛肉**　4 至 5 磅(約 1.8 至 2.3 公斤)的真正粉嫩、特別餵養的小牛肉,切成 2 吋(約 5 公分)大小的塊狀(包括無骨和帶骨的肉塊),6 人份。***滾煮時間:*** 約 1½ 小時。將小牛肉在大鍋水中,滾煮 2 到 3 分鐘,至不再有浮渣出現。瀝乾。將肉和鍋清理乾淨,將肉重新放入鍋中,倒入雞或火雞高湯(見

21頁），或是罐頭雞高湯和水，直到高出材料 ½ 吋（約 1.3 公分）。加入一顆大型去皮、切碎的洋蔥，去皮的切碎的胡蘿蔔、一大根切碎的西洋芹梗和一小束不含大蒜的香草（見 84 頁邊欄）。略加鹽調味，加蓋滾煮 1 ½ 小時，直到肉變軟，叉子能輕易地插入後，將高湯瀝入湯鍋中，將肉放回鍋中。

將烹調的汁液去油，大火收汁至約 3 杯的量。同時，以 4 大匙牛油、5 大匙麵粉和烹煮的汁液製作絲絨濃醬（見 31 頁），可以加一點鮮奶油以變得更濃稠。將小牛肉和 24 顆燜熟的珍珠洋蔥（見 50 頁）及 ½ 磅的蘑菇（見 53 頁）一起短暫地滾煮加熱。

▌燉雞肉或燉火雞肉 使用切塊的雞肉或火雞肉，以相同的方式烹煮。

注意：真正的小牛肉（veal）是餵食母牛奶，或是牛奶副產品的小牛。「放養小牛肉」（free range）指的其實是「幼牛肉」（baby beef），煮出來的會是次等的棕灰色的燉牛肉和次等的醬汁。但是，採用下述的紅酒燉牛肉方式，卻能烹調出差強人意的燉肉。

燜／燴
BRAISING

這些食譜中的肉類，在真正開始烹調之前先經過煎或是上色的過程。要記住煎的規則：除非先把肉弄乾，否則是無法上色的，將鍋放在大火上，然後不要讓鍋中的肉擠成一團。

基本食譜

紅酒燉牛肉
Beef Bourguignon—Beef in Red Wine Sauce

6 至 8 人份

烹調時間：約 2 ½ 小時

◆ 6 盎司（約 170 克）汆燙過的培根（見 86 頁邊欄），可省略，但傳統上用來增添風味

◆ 2 至 3 大匙食用油

◆ 約 4 磅（約 1.8 公斤）整理過的牛翼板肉，切成 2 吋大小

汆燙培根和豬油

當你買不到一塊上面有油脂足以保護要經過燒烤的豬肉時，就用切片的培根或是鹹豬肉去保護肉，不過得先除去煙燻或是鹹味。將 6 至 8 片的培根放入 2 夸特的冷水中，煮至滾後再小滾 6 至 8 分鐘。瀝乾，用冷水沖洗，然後用紙巾擦乾。汆燙過的培根或是鹹豬肉切成 ¼ 吋厚、1 吋長大小的塊狀，可用來增添類似紅酒燉牛肉或是紅酒燉雞菜色的風味。

◆鹽和現磨的胡椒

◆2 杯切片的洋蔥

◆1 杯切片的胡蘿蔔

◆1 瓶紅酒（如金粉黛或是奇揚地）

◆2 杯牛高湯（見 22 頁），或是罐頭牛高湯

◆1 杯切碎的番茄，新鮮或罐頭皆可

◆1 束中型的香料束（見 84 頁邊欄）

◆牛油麵糊（Beurre manié）製作醬汁：3 大匙麵粉和 2 大匙牛油調成的糊

裝飾：24 顆紅燴珍珠洋蔥和 3 杯炒過的切塊蘑菇

（如果採用肥豬肉，先用一點油將它們煎到上色，取出後加入牛肉中一起滾煮，用留在鍋中的油來上色）。挑一隻大型的煎鍋，用牛油將肉塊的每一面上色，用鹽和胡椒調味，再倒入砂鍋中。在煎鍋中留下一點點油，放入切片的蔬菜上色，然後加入肉塊。將酒倒入鍋中煮，然後再和高湯一起倒入砂鍋中，直到足以蓋過肉。拌入番茄，加入香料束。煮至滾，加蓋然後小火慢滾直到肉變軟——嘗一小塊以確定。這項工作可在爐子上進行，或是放入預熱至 325 °F（約 163℃）的烤箱中進行。

將整鍋過濾入高湯鍋中，把肉放回砂鍋中。將殘渣中的汁液壓出，然後將汁液收到約 3 杯。離火，拌入牛油麵糊，然後滾煮 2 分鐘，直到醬汁變得濃稠。調味，然後淋在肉上。拌入洋蔥和蘑菇（可以在一天前就先準備好）。

上桌前，煮滾，用醬汁刷在肉和蔬菜上數分鐘，直到完全熱透。

變　　化

■燉肉　4 至 5 磅（約 1.8 至 2.3 公斤）的後腿肉，10 至 12 人份（亦可採用翼板、牛腩）。**滾煮時間**：3 至 4 小時。將肉塊上色，

可放在爐上或是烤箱內以上火烤，不斷地翻轉並刷油。用鹽和胡椒調味，和上色過的蔬菜、酒、高湯和其他的材料，如基本食譜中所述的那些，一起放入加蓋的砂鍋中。等到肉變軟後，以相同手法製作醬汁。

■ **紅酒燉雞**　3 至 4 磅（約 1.4 至 1.8 公斤）重的雞切塊，5 至 6 人份。**烹調時間**：25 至 30 分鐘。先在熱油中讓雞塊上色，炸出像培根中的油那樣。然後按照基本食譜中的做法進行，採用相同的食材和裝飾的洋蔥與蘑菇。

■ **白酒燉雞**　白酒燉雞基本上和紅酒燉雞一模一樣，只不過採用白酒而不是紅酒，而且雞塊沒有先行上色。3 磅重的雞，5 至 6 人份。**烹調時間**：25 至 30 分鐘。3 大匙的牛油在煎鍋中開始起泡時，拌入 1 杯的洋蔥片，炒到軟時，加入雞塊。經常地翻動直到雞肉略微變硬，但是沒有上色。用鹽和胡椒調味，加入一小撮的茵陳蒿，加蓋，小火慢煮 5 分鐘以上，但是不要上色。然後加入 2 杯的不甜白酒，或是 1½ 杯的不甜苦艾酒和約 2 杯的雞高湯。如基本食譜所述般地製作醬汁，並且以白燴珍珠小洋蔥（見 50 頁）和滾煮的蘑菇（見 53 頁）裝飾。可視喜好，加入鮮奶油讓醬汁更為濃郁。

燉羊肉
Lamb Stew

（請注意，這稱為燉羊肉，但是其實是燴〔braise〕，因為羊肉有先經過上色處理）4 至 5 磅（約 1.8 至 2.3 公斤）的帶骨羊肩肉，切成 2 吋大小，6 人份。**烹調時間**：約 1½ 小時。先將羊肉與 1½ 杯的洋蔥片，如基本食譜所述般地上色。調味，然後加上 2 瓣打碎的大蒜瓣、½ 茶匙迷迭香、1½ 杯不甜白酒或是不甜的苦艾酒、1 杯切碎的番茄和足以覆蓋住材料的高湯倒入砂鍋中。滾煮約 1½ 小時，然後如基本食譜中所述完成醬汁。

羊後腿腱
Lamb Shanks

每人 1 至 2 隻羊後腿腱，或是 1 隻前腿腱鋸成 2 吋大小。按照前述燉羊肉的方式烹調。

米蘭式燴小牛膝
Ossobuco

小牛後腿腱鋸成 1 ½ 至 2 吋的長短，2 至 3 人份。烹調時間：約 1 ½ 小時。調味，並且在油煎上色前拍過麵粉，因為麵粉的緣故，醬汁就不需要添加其他的濃稠劑。用雞高湯（見 21 頁）滾煮，加入炒過的洋蔥片和不甜白酒，或是不甜苦艾酒。最後撒上義式香料葛穆拉塔（gremolata）——一顆柳橙和檸檬的碎皮，一瓣碎大蒜末和一小把切碎的巴西里。

魚和貝類——白煮與清蒸
FISH AND SHELLFISH —
POACHING AND STEAMING

白酒煮魚片排
Fish Fillets Poached in White Wine

對鰈魚、鱒魚等去皮、無骨薄魚片排，每人份 5 至 6 盎司（約 140 至 170 克）。**烹調時間**：約 10 分鐘。6 片魚排。刮除魚皮，用鹽和白胡椒調味。在抹過牛油的烤盤上撒上 1 大匙碎紅蔥頭，魚皮面朝下、略微交疊地放入魚排。再撒上 1 大匙的紅蔥頭，於周圍倒入約 ⅔ 杯不甜白酒或是不甜苦艾酒、⅓ 杯的魚高湯、雞高湯或是水。用抹過牛油的蠟紙包住後，在爐上煮滾，放入預熱至 350 ℉（約 163℃）的烤箱中。魚大約 7 至 8 分鐘就完成了，當魚排觸感略帶彈性，並且成不透明狀（乳白色）。將汁液倒入湯鍋，快速地收乾至幾乎呈濃稠狀。製作簡單的醬汁，

打入數滴檸檬汁和碎巴西里，視喜好加入 1 至 2 大匙的牛油。
淋在魚上，立刻上桌。

白酒煮干貝
Sea Scallops Poached in white Wine

1 ½ 磅的干貝，6 人份。用 ⅓ 杯不甜的苦艾酒、水、½ 茶匙的
鹽和一小片月桂葉煮 ½ 大匙的碎紅蔥頭約 3 分鐘。加入干貝，
滾煮 1 ½ 至 2 分鐘，直到觸感略帶彈性。離火，放涼至少約 10
分鐘，以吸收味道。將干貝取出，扔掉月桂葉，快速地將汁液
收乾直到成濃稠狀。

注意：切成 ¼ 塊的干貝的滾煮時間約 15 至 30 秒。智利生產的
干貝則剛好煮滾即可。

食用建議

▌碎香料　在濃縮的湯汁中拌入新鮮的碎巴西里和／或蒔蘿、
茵陳蒿或細蔥，迅速地重新加熱干貝，拌入香料，視喜好加入
數大匙的鮮奶油。

▌番茄普羅旺斯風味　在濃縮汁液中加入 1 ½ 杯去皮、去籽、
去汁並且切碎的新鮮番茄漿（見 52 頁邊欄），和一大瓣碎大蒜。
加蓋滾煮約 5 分鐘，去蓋滾煮至汁液變得濃稠。調味。拌入干
貝短暫加熱。拌入碎巴西里或是其他綠色的香草，即可上桌。

白煮鮭魚排
Poached Salmon Fillets

8 片各 6 到 8 盎司（約 170 至 230 克）的鮭魚排。在大平底鍋中，
將 2 夸特的水煮滾，加入 1 大匙的鹽和 ¼ 杯白酒醋。放入鮭魚
排，重新加熱至即將滾的狀態煮 8 分鐘——魚觸感有彈性時就
是熟了。瀝乾、去皮，和檸檬瓣及融化的牛油或奶油蛋黃醬（見

32 頁邊欄）一同食用。

清蒸全鮭魚
Whole Steamed Salmon

一條 5 至 6 磅重的鮭魚，10 至 12 人份。烹調時間：約 45 分鐘。
將鮭魚的內臟清理乾淨，除去魚鰓並修剪魚鰭。用油刷魚的外表，用鹽和胡椒抹在魚的內部。將魚放在抹過油的烤架上，然後用乾淨的布整個包起來。在周圍撒上 2 杯炒過的洋蔥薄片，以及各一杯的炒胡蘿蔔片、西洋芹和帶有巴西里、月桂葉和茵陳蒿的香料束。倒入 4 杯的不甜白酒或是 3 杯不甜苦艾酒，加上魚高湯或是清雞高湯，直到 1 吋的高度。放在爐上煮滾，然後用錫箔紙封好加蓋。保持小滾的狀態，不時地用汁液刷魚。當內部溫度達到 150 ℉（約 65.5℃）時，魚就熟了。將魚取出，放入盤內保溫。將汁液瀝入湯鍋中，並且榨出蔬菜中的汁。滾煮至 1 杯、濃稠狀。視喜好加入鮮奶油，拌入牛油和新鮮的巴西里。

清蒸龍蝦
Steamed Lobsters

大約烹調時間：1 磅（約 450 克）重約 10 分鐘，1 ¼ 磅重約 12 至 13 分鐘，1 ½ 磅重 14 至 15 分鐘，2 磅重 18 分鐘。
在 5 加侖的鍋中放入蒸架，然後加入 2 吋高的海水，或是每夸特加入 1 ½ 茶匙的自來水。加蓋煮滾，然後快速地將 6 隻活龍蝦、頭朝下放入。加蓋，加壓，以確保鍋蓋密合。蒸氣一出現，就要開始根據前述計時。當龍蝦的長鬚可以輕易地扯掉時，就是煮熟了。但是要確認煮熟，將龍蝦翻過來，切開胸部檢查龍蝦的消化腺，如果仍全黑，要再多煮幾分鐘，要煮到消化線呈現淡綠色為止。上桌時，佐以融化的牛油和檸檬瓣。

蛋

「肉類、禽類和魚,都各有特色,但是大部分都可以用相同的手法烹調。」

EGG COOKERY

在烹飪中，蛋不但以各種面貌的主角身分出現——歐姆蛋、炒蛋、水波蛋、惡魔蛋和嫩煮蛋等，更是蛋糕和舒芙蕾等料理中的蓬鬆劑，也是醬汁和卡士達中的濃稠劑，當然也是兩個高貴而且讓人上癮的奶油蛋黃醬和美乃滋的基礎。

基本食譜

法式蛋捲
The French Omelet

完美的蛋捲是柔和的橢圓形蛋皮，包裹住裡面卡士達狀的蛋漿。可以是很單純地用鹽、胡椒和牛油調味的早餐，或者也可以是填滿著雞肝、蘑菇、菠菜、松露、燻鮭魚或是任何大廚想像得到的食材——也是絕佳利用剩菜的快速主食。你可以用不同的手法來製作蛋捲，例如炒、傾斜摺疊等等。我最喜歡 2 至 3 顆蛋的蛋捲，我以前法國料理老師的甩抽方式，如下。

如果這是第一次嘗試，先做一遍抽動——不是翻動——的動作，就是直接朝著自己猛拉一下，並且練習倒出的技巧。製作一個全家共食的蛋捲，這樣子你就可以使用 4 至 5 顆以上的蛋，好充分地感受一下。這是一堂很快速的課，因為蛋捲只需要 20 秒就製作完成了。

2 至 3 顆蛋，1 人份
◆ 2 顆特大雞蛋，或 3 顆大至中型的雞蛋
◆ 1 大撮鹽
◆ 轉數圈現磨胡椒
◆ 1 茶匙冷水，讓蛋黃和蛋白更完美地融合在一起，可省略
◆ 1 大匙無鹽牛油
準備好熱盤，還有牛油，以及兩枝新鮮的巴西里。將蛋打入碗

中，打到與鹽、胡椒和可省略的水充分地混合即可。

將蛋捲煎鍋（見邊欄）放在最大的火上，加入牛油並且朝每個方向傾斜鍋子，好讓牛油鋪滿鍋底。等到牛油的泡泡幾乎消失、開始變色之前，將蛋倒入。短暫地搖動煎鍋，讓蛋液鋪滿鍋底。定住不動數秒鐘讓蛋液凝結。然後開始將鍋子朝自己方向抽動，讓蛋體朝著較遠的鍋邊移動。不斷地用力抽動，逐漸地提高握把的位置，讓蛋捲自己翻摺。用橡皮刮刀將離開主體的蛋液推回主體中，然後用拳頭用力敲打靠近鍋子的部位，歐姆蛋會開始從邊緣捲起。

要將歐姆蛋取出，快速地將鍋柄朝右邊翻動，用右手掌心朝上地握住下方。用左手握住熱盤，將鍋翻至盤上，讓歐姆蛋落入定位。如果需要的話，可以用橡皮刮刀將邊緣推整齊。

用叉子叉起一塊牛油，快速地刷在歐姆蛋上，用一枝巴西里裝飾，即可上桌。

變　　化

█ 碎香草　將 1/2 大匙的碎細蔥、巴西里或茵陳蒿，或山蘿蔔打入蛋液中，在上桌前再撒一點在歐姆蛋上。

█ 加料蛋捲　你可以在完成的歐姆蛋上，縱切一道，然後鋪上填料，或是可以將填料加入仍在鍋中的歐姆蛋──當蛋開始凝結到足以定住填料、然後在開始最後的翻轉之前。這需要一點特殊的技巧，不過你會練出自己的手法。

一些填料和裝飾的建議

1. 奶油菠菜（見 47 頁），或是用牛油炒過的熟的碎青花菜（見
47 頁）。

歐姆蛋煎鍋

製作歐姆蛋必須要用不沾鍋，好在這很容易取得。我極力推薦專用鋁製、有著長鍋柄和傾斜鍋邊的不沾鍋，底部 7 1/2 吋，頂部 10 吋。我使用的是在五金行就可以買到的 Wearever 鋁鍋。（編按：近年醫學研究證實鋁鍋和老人癡呆症並無明顯關係，並且在體內容易排出，建議使用鋁合金鍋具。）

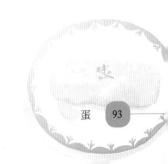

大約 1 杯，足以填滿或裝飾 4 至 6 個歐姆蛋。快速地用 2 大匙的牛油炒 1 大匙碎紅蔥頭，直到軟化，然後拌入 1 杯煮好、切成 ¼ 吋大小的貝類肉。等到完全溫熱之後，略微用鹽和胡椒調味，2 大匙的不甜苦艾酒滾煮 1 至 2 分鐘，然後加入 ½ 杯的鮮奶油滾煮一會兒，直到變稠。調味，視喜好加入一些碎巴西里。

2. 切成四瓣或是切片的蘑菇、雞肝或是用牛油和紅蔥頭及調味料炒過的干貝（見 66 頁）。

3. 奶油龍蝦、蝦子或螃蟹（見邊欄）。

4. 炒甜椒——洋蔥、大蒜和香料炒過的青椒和甜椒（見 54 頁）。

5. 馬鈴薯——炒過的馬鈴薯丁（見 59 頁），可以再加入培根和洋蔥。

6. 番茄——新鮮的番茄沾醬（見 52 頁）。

炒蛋
Scrambled Eggs

我們對炒蛋的印象往往就止於早餐上，搭配著培根或是香腸而已，但是其實炒蛋可以是很精緻的早餐，甚至佐以烤番茄、炒馬鈴薯、蘆筍尖和各式的裝飾之後，也可以是很棒的午餐主菜。你立刻會見到炒蛋冷食也很棒，不過我覺得不太適合與食物混食。我喜歡它自成一格，配菜另放在旁邊。

8 顆蛋，4 人份。炒蛋應該是柔軟、碎裂的蛋塊，煮的時候越溫和、緩慢，成果就越鮮嫩、美味。選用和前面蛋捲相同的 10 吋煎鍋。準備好溫熱但不燙的盤子。將蛋放在碗中，打至蛋黃和蛋白均勻混合即可，加入 ¼ 茶匙的鹽（或視口味）和一些現磨的胡椒粉。在鍋中放入 1 大匙的無鹽牛油，用中火加熱，當牛油融化時，搖動鍋子以完全覆蓋牛油。

倒入 2 大匙的蛋液，將火調小，當蛋一開始逐漸凝結成塊時，慢慢地刮起鍋底凝結的蛋液。這需要數分鐘。等到蛋凝結成你希望的狀態時，離火，然後要停止煮蛋、並且讓它成奶油狀，拌入剩餘的蛋液。試吃，調味。視喜好，拌入 1 大匙左右軟化的無鹽牛油，或是鮮奶油。立刻上桌。

建議配菜（焦脆培根、火腿、香腸之類以外）

1. 牛油三角吐司——整齊的三角白吐司。

2. 普羅旺斯番茄——對半切的番茄，佐以調味麵包丁（見 51 頁）。

3. 溫熱牛油蘆筍尖。

4. 所有歐姆蛋的建議裝飾與配菜（見 93 頁）。

冷番茄盅炒蛋　將炒好的甜椒拌入剛炒好的蛋中。調味，裝入挖空、切半的新鮮、成熟番茄內，冷藏。

冷炒蛋佐蒔蘿　用切碎的新鮮蒔蘿調味剛炒好的蛋，冷藏然後佐以燻鮭魚上桌。

水波蛋
Poached Eggs

變化多端的水波蛋！熱騰騰地放在朝鮮薊杯中上桌，或是上面飾以蛋黃醬和牛里肌排，或是在肉凍中閃閃動人，或是點綴在捲曲的苦苣沙拉上，或是埋藏在舒芙蕾中，或是裝扮成班乃狄克蛋，或是簡單地安置在溫熱、清脆、抹過牛油的吐司上作為早餐都很適合。水波蛋是個優雅的橢圓形，有著溫柔凝結的蛋白和濃稠、流動的蛋黃。如果能取得母雞剛下的蛋，那麼它們幾乎可以自己成形，因為真正新鮮的雞蛋在放入滾水中時，仍能維持住原本的形狀。但是我們大多得採取一些步驟，以確保成功的水波蛋，其中涉及採用加醋的水，或是橢圓形的水波蛋模（可以在某些廚具店購得）。

維持蛋的形狀　用一枚圖釘，壓入蛋較膨大端的氣室中，釋放氣體（否則蛋會裂開）。要維持蛋的形狀，在滾燙的鍋中不可以放入超過 4 顆蛋。滾煮不多不少於 10 秒鐘，然後用撈勺取出。

醋水 煮 6 顆水波蛋，用一支 8 吋大、3 吋深的湯鍋，將 1 1/2 夸特的水和 1/4 杯的白醋（有助於蛋白的凝結）煮滾。準備好定時器和漏勺。從靠近鍋柄的位置開始，一個個地盡可能將蛋撈近水面，然後放入水中。維持水的小滾狀態，然後不多不少滾煮 4 分鐘，蛋白應柔和地凝結，蛋黃仍成液態狀。從鍋柄順時鐘開始，一一地用漏勺取出蛋，放入冷水中洗去醋。

用橢圓形漏孔金屬容器煮水波蛋 將水波蛋器放入小滾的水中，放入穿孔過、滾煮 10 秒鐘的蛋，然後滾煮 4 分鐘。取出水波蛋器，然後小心地用湯匙將蛋取出。

水波蛋可以提前一、兩天製作 完成的水波蛋可放入新鮮的冷水中，不加蓋冷藏。

冷食水波蛋 如前述般儲藏，或是在冰水中冷卻 10 分鐘。將蛋用漏勺一一取出，放在乾淨的布巾上除去水分。

熱食水波蛋 將冷卻的水波蛋放入一鍋加一點鹽的小滾的水中，加熱 1 分鐘即可取出。

變 化

■班乃狄克蛋 Eggs Benedict 烤過、抹過牛油的英式瑪芬切半，或是去皮的圓形布里歐麵包（brioche bread）（我個人比較喜歡這個，因為我覺得瑪芬又硬又難切）。每片麵包上放上一片煎火腿、溫熱的水波蛋和奶油蛋黃醬。如果想要奢華感的話，可以再放上一片軟滑如牛油的黑松露。

■凡頓舒芙蕾 Soufflé Vendôme 將 4 片烤過、塗過牛油的法國麵包圓片（見 24 頁邊欄）放入 6 杯容量的烤盤中，上面再放上 4 顆冷的水波蛋。鋪上 100 頁的乳酪舒芙蕾，按照指示烘焙。這道菜絕對會讓你的客人讚嘆不已，而且蛋會非常地完美。

■捲葉苦苣沙拉佐以培根和水波蛋 見 37 頁。

烤蛋
Shirred Eggs

一人一份。將一顆或數顆蛋打入淺烤盤中,先放在爐上烹調,蛋是最後在烤爐內完成。蛋白柔和地凝結,蛋黃表面有一層透明的薄膜。這是一道美味、滑順的蛋料理,但是絕對不是減肥餐點!

是這樣製作的。準備好足夠的直徑 4 吋、可燒烤的淺烤盤,將烤架放入烤箱中的上層,預熱上火,然後每人份須融化 2 大匙的牛油。每一份,將烤盤放在中小火上,倒入 1 大匙融化的牛油。等到開始起泡,打入 1 至 2 顆雞蛋,約煮 30 秒,剛好足以讓底部的蛋白薄薄地凝結。離火,在蛋上刷上 1 茶匙的融化牛油。放在烤盤上。上桌前,將蛋放在距離上火 1 吋的位置,烤約 1 分鐘,每幾秒鐘就拉出烤架,刷上更多的牛油。等到蛋白凝固、蛋黃形成薄膜時,調味並立即上桌。

加料和變化

▌**鮮奶油烤蛋**　在爐火之後,在蛋上倒入 2 大匙的鮮奶油,然後繼續進入烤箱內完成烹調。不需要刷油。

▌**焗烤蛋**　如鮮奶油烤蛋般進行,但是上面加上 1 茶匙的碎瑞士或帕馬森乳酪。

▌**黑牛油醬烤蛋**　蛋放入烤箱後,只用 1 茶匙的牛油去刷,等到烤好後,飾以黑牛油醬(見邊欄),加入建議的碎巴西里和酸豆。

▌**裝飾**　上桌前,可以在蛋的周圍放上炒過的蘑菇、腰子、雞肝、番茄漿、青椒與甜椒之類等等。不過我認為下述的布丁杯蛋更適合這種做法。

黑牛油醬 Beurre Noir
搭配魚和蛋料理的絕佳醬料。製作 ½ 杯,將一條牛油切成 ¼ 吋的片狀,放在 6 吋的煎鍋中融化。等到開始起泡時,將火調到大。握住鍋柄搖動,直到泡泡逐漸消失,牛油開始快速地變焦黃。在短短幾秒鐘內,當牛油呈現漂亮的胡桃褐色(不是黑色)時,就淋在食材上。

注意:淋在食材上前,可以撒入 1 茶匙左右的新鮮巴西里,會在油中滋滋作響,然後再拌入 1 大匙左右的酸豆,最後再淋在食材上。

布丁杯烤蛋
Eggs Baked in Ramekins

這和先前的烤蛋相比,顯得較為輕鬆,因為需要快速地進出烤箱。做法是將蛋打入一個個抹過牛油的布丁杯中,然後將布丁杯放入加了熱水的烤盤中烤 7 至 10 分鐘。這可以很簡單地以鮮奶油做底,或者是可以在杯底放一些填料——利用剩餘熟菠菜、碎蘑菇、熟洋蔥,或是你手上現有的材料的絕佳方法。

將烤架放在中下層,將烤箱預熱至 375 ℉(約 190℃)。每個抹過牛油的布丁杯中,先倒入 1 大匙的鮮奶油,然後再放入深達 ½ 吋的熱水、放在中火上的烤盤中。等到鮮奶油變熱時,打入 1 至 2 顆蛋,再倒入另 1 大匙的鮮奶油,上面再放上一小塊牛油。烤 7 至 10 分鐘,直到軟嫩地凝結——應該可以微微地顫動,因為從烤箱中取出後,會繼續在布丁杯中繼續凝結。從烤箱中取出,用鹽和胡椒調味,即可上桌。

加料和變化

▌佐以新鮮碎香料 在每一份的鮮奶油中加 1 茶匙左右的單一或混合香料,如巴西里、細蔥、茵陳蒿或山蘿蔔。

▌搭配各種醬料 不用鮮奶油,而改用有蘑菇的褐醬、起司醬、番茄醬、咖哩醬、洋蔥醬等。是用光你珍貴的剩餘食材的絕佳方式。

▌底部填料 在每個布丁杯中鋪上 1 大匙左右的美味食材,例如煮熟、調味過的蘆筍丁、青花菜、菠菜、朝鮮薊、火腿丁、蘑菇、雞肝或是貝類。一小片松露或是慷慨的鵝肝醬都能讓人驚喜萬分。

白煮蛋
Hard-Boiled Eggs

當你為家人準備白煮蛋時，如果蛋殼剝不乾淨的話，只是有點不完美，可是若是辦派對時，那可真是場災難。以下這有點繁瑣的程序，是喬治亞州蛋業委員會所發展出來的，但是足以解決這個問題。

12 顆蛋（不建議超過這個數量）。在蛋膨大端的氣室戳孔，讓空氣逸出。將蛋放入深鍋中，加入 3 ½ 夸特的冷水。將水煮沸，離火加蓋，然後靜置 17 分鐘。將蛋放入一碗冰水中，冷卻 2 分鐘──好讓蛋收縮與蛋殼分開。在此同時，重新加熱水至沸騰。一次將 6 顆冷卻的蛋放入滾水，滾煮 10 秒鐘──讓蛋殼膨脹脫離蛋。冷卻 20 分鐘左右，因為徹底冷卻的蛋比較好剝。剝蛋時，在流理台上輕柔地敲碎整個蛋殼，然後在一小束冷水下、從較大的一端開始剝。不加蓋、沉入冷水中，放入冰箱冷藏，可以完美保存數日之久。

變　　　化

▌**基本冷食惡魔蛋**　製作 2 打切半的蛋。將 12 顆剝皮的冷卻白煮蛋，縱切成半，將蛋黃篩入碗中。拌入各 2 大匙的美乃滋和軟化的無鹽牛油，用鹽和現磨白胡椒調味。利用擠花袋將填料擠入蛋白中。視喜好裝飾，可以用巴西里枝或是紅辣椒末。或是可以將以下各類切碎，加入基本填料中。

1. 新鮮的綠色香草，如蒔蘿、羅勒、茵陳蒿、巴西里、細蔥和山蘿蔔。
2. 煮熟的蘆筍尖。
3. 用牛油加咖哩粉炒過的洋蔥末。
4. 炒蘑菇泥（見 54 頁）。

1 杯去核的地中海風味黑
橄欖，3 大匙酸豆，6 尾
橄欖油醃漬的鯷魚，和 1
大瓣大蒜泥，全部用食
物調理機磨成糊。

如何準備舒芙蕾烤盤
挑選直立邊的烤盤，或
是傾斜度很小的烤盤。
在烤盤內薄薄地抹上一
層牛油。針對舒芙蕾的
種類，在烤盤內撒上細
磨的帕馬森乳酪，或是
麵包丁或是細砂糖，把
多餘的倒出。

紙圈：如果你要使用紙
圈，裁一張足以環繞烤
模、和烤模有 2 吋交疊
的烘焙紙或是錫箔紙，
對摺後在一面抹上牛油。
將紙圈繞在烤模上，牛
油面朝內，紙圈應該要
比烤模的邊緣高出 3 吋。
用兩根大頭針固定，對
折邊緣朝下塞入，以便
迅速地取出。

5. 用牛油和調味料炒過的龍蝦、螃蟹或是蝦子（見 94 頁邊欄）。

6. 燻鮭魚。

7. 醃黃瓜——甜味或蒔蘿。

8. 黑橄欖醬（見邊欄）。

▌**烤惡魔蛋**　非常法式的午餐或晚餐。將蛋黃過篩，然後拌入
鮮奶油和一種填料，例如碎蘑菇。

焗烤惡魔蛋。4 人份。將一打蛋的蛋黃篩過，拌入 1/4 杯左右的
鮮奶油和蘑菇泥（見 54 頁）。與調味好的乳酪醬一起放入個別
的烤盤中，一次六個地放入烤箱，如花椰菜一般。

舒芙蕾
SOUFFLÉS

舒芙蕾是蛋的極致表現。端上桌時，頂部戲劇性地湧出盤中，
搖曳生姿地晃動著，被放下來時多麼地耀眼奪目。邀請特殊的
客人用午餐時，不可能提供比乳酪舒芙蕾和綠蔬沙拉更恰當、
誘人的輕食了，或者是安排好巧克力舒芙蕾給你最愛的晚餐客
人的驚喜甜點。好在，適當的組合的舒芙蕾根本就會自然地發
生。它不過就是把調味醬料拌入打發的蛋白而已，主要關鍵就
在於如何打發蛋白和怎麼拌入——這兩個重點都在蛋糕的部分
充分地說明。

基 本 食 譜

風味乳酪舒芙蕾
Savory Cheese Soufflé

4 至 6 杯的舒芙蕾模子，或是 8 吋大的直邊烤盤，4 人份

可以用一個紙圈放在 4 杯量的模子中烤，這樣子舒芙蕾會超過邊緣 3 吋，拿掉紙圈的時候也能維持高度。或者用 6 杯量的烤模，這樣子舒芙蕾會更穩定，但是不會膨得那麼高。

◆1 至 1 ½ 大匙軟化牛油，用於烤盤和紙圈上

◆2 大匙細磨的帕馬森乳酪

◆2 ½ 大匙牛油

◆3 大匙麵粉

◆1 杯熱牛奶

◆¼ 茶匙匈牙利紅椒粉

◆一點磨碎的肉豆蔻粉

◆½ 茶匙鹽

◆2 至 3 圈的現磨白胡椒粉

◆4 顆蛋黃

◆5 顆蛋白

◆1 杯（3 ½ 盎司，約 100 克）粗磨過的瑞士乳酪

準備好舒芙蕾烤模（見邊欄）。將烤架放入烤箱下層，預熱烤箱至 400 ℉（約 204℃）。

基礎醬底　在 3 夸特的湯鍋中，將 2 ½ 大匙的牛油和 3 大匙的麵粉煮在一起，直到起泡 2 分鐘。離火，打入熱牛奶，然後小火、攪拌 1 至 2 分鐘，直到變稠。離火，將調味料打入醬中，然後一顆顆地打入蛋黃。

將蛋白打發，形成閃亮、堅挺的峰狀。將 ¼ 的蛋白打入醬中稀釋，然後仔細地拌入剩餘的蛋白，交錯撒入瑞士乳酪。

把舒芙蕾置入烤盤中，放進烤箱。將火降至 375 ℉（約 191℃），烤 25 至 30 分鐘，直到舒芙蕾在紙圈中膨起數吋，或是比烤盤高 2 吋，表面呈漂亮的棕色（什麼時候算完成？見邊欄）。取下紙圈，立刻上桌。

舒芙蕾好了嗎？

如果有用紙圈，快速地略微鬆開檢查──如果會塌，就重新包好再烤幾分鐘。等到用長籤從膨起的部分側面插入，取出時上面只沾到一點顆粒時，舒芙蕾的內部會是美味的奶油狀，但是蓬鬆狀無法持久。如果長籤出來是乾淨的，蓬鬆度就會維持久一點。

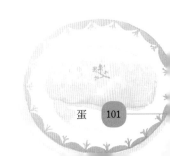

如何分食舒芙蕾？盡可能地不要把它弄塌，小心地用直立的叉子和湯匙背對背地去分。直接插入舒芙蕾的中央，把它拉扯開。

變　　化

▌蔬菜舒芙蕾　在製作好醬底後，拌入 ¼ 至 ⅓ 杯的調好味、煮熟、切碎的菠菜、蘆筍、青花菜或是蘑菇。按指示完成舒芙蕾，但是只要擺入 ⅓ 杯的帕馬森乳酪。

▌貝類舒芙蕾　製作 1 杯左右的奶油龍蝦、螃蟹或蝦（見 94 頁），然後鋪在塗過牛油的舒芙蕾烤模底部。倒入舒芙蕾醬底，但是只要拌入 ⅓ 杯的瑞士乳酪。可以搭配新鮮的番茄沾醬（見 52 頁邊欄）一起食用。

▌鮭魚和其他魚類舒芙蕾　這道菜是剩下魚肉的華麗利用法。將 1 杯左右的煮熟碎魚肉拌入醬底，再添加數大匙的牛油炒過的碎紅蔥頭，和 1 至 2 大匙的碎蒔蘿增添風味。相同地，將瑞士乳酪的量減到 ⅓ 杯。適合搭配奶油蛋黃醬（見 32 頁）食用。

▌盛盤舒芙蕾　不用深烤盤，也可以在盤子上或是焗烤盤內烤舒芙蕾。4 人份，在 12×14 吋的橢圓形可烤的盤內，放入 4 個 ½ 杯小堆的美味吃食，例如奶油鮮貝（見 94 頁）。在每堆食物上堆上 ¼ 份的舒芙蕾醬底，上面再放上磨碎的瑞士乳酪，在預熱至 425 ℉（約 218℃）的烤箱內烤 15 分鐘，會直到膨起的部分成棕色。

▌舒芙蕾捲　一個 11×17 吋的蛋糕捲模，6 至 8 人份。將烤架放在烤箱上層，預熱至 425 ℉。在烤模內抹上牛油，然後鋪上烘焙紙或蠟紙，紙每邊要比烤盤要多出 2 吋。在紙上塗牛油，然後撒上麵粉，多餘的要倒掉。依基本食譜，但是要增加為 5 大匙牛油，6 大匙麵粉，1 ½ 杯牛奶，6 顆蛋黃和 7 顆蛋白，以

及 1 杯磨碎的瑞士乳酪。將舒芙蕾醬鋪在烤盤內，然後烤 12 分鐘左右，或者直到完全凝結——要注意不要烤過頭，否則捲的時候會裂開。在上面撒上麵包丁，將舒芙蕾倒在另一個鋪有烘焙紙的烤盤上。小心地剝除底下的烘焙紙。在舒芙蕾上鋪上 1 ¼ 杯任何溫熱、調味的填料，例如炒甜椒、炒蘑菇和火腿丁、奶油鮮貝，或者其他。將舒芙蕾捲起，視喜好可以在上面飾以更多的填料，或是類似番茄沾醬、奶油蛋黃醬之類的淋醬。

舒芙蕾甜點
DESSERT SOUFFLÉS

舒芙蕾甜點，總是意味著派對。在主菜舒芙蕾中的打發和拌入蛋白的一般性原則，也適用於舒芙蕾甜點，但是因為舒芙蕾甜點應該要蓬鬆、柔軟，所以醬底有點不同。可以使用白醬或是卡士達奶油，但是我喜歡下述的奶糊（bouillie），你將看到蛋白因為和糖一起打，所以更扎實了。

基 本 食 譜

香草舒芙蕾
Vanilla Soufflé

6 杯舒芙蕾烤模，4 人份

◆ 3 大匙麵粉

◆ ¼ 杯牛奶

◆ ⅓ 杯又 2 大匙細砂糖

◆ 4 顆蛋黃

◆ 2 大匙軟化的牛油，可省略

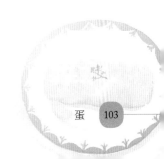

◆ 5 顆蛋白

◆ 2 大匙香草精

◆ 篩過的糖粉

如前述一樣地準備好舒芙蕾烤模，並且裝好紙圈（見 100 頁）。將烤架放在烤箱下層，並且預熱至 400 ℉（約 204℃）。

在湯鍋中將麵粉和一半的牛奶打在一起。混合均勻後，打入剩餘的牛奶和 1/3 杯的糖。煮滾，小火慢滾並且繼續打約 30 秒。現在這就成了奶糊。離火，略微放涼，然後一顆一顆地打入蛋黃，以及可以省略的軟化牛油。

等到蛋白逐漸打發後，撒入 2 大匙的糖，然後將蛋白打成堅挺的峰狀（見 138 頁邊欄）。將香草精打入醬底，然後再打入 1/4 的蛋白稀釋。小心地拌入剩餘的蛋白，然後將混合液體倒入準備好的烤盤中。

放入烤箱，將溫度降到 375 ℉（約 191℃），然後烤到舒芙蕾開始膨起，並且呈現棕色，大約需 20 分鐘。迅速地將烤架取出，將糖粉撒在舒芙蕾上面。繼續烤，直到舒芙蕾在紙圈中膨得很高。取下紙圈，立刻上桌。

變　　化

▮ 甘邑橙酒香橙舒芙蕾　按照基本食譜製作，但是將一大顆柳橙的皮屑（只要有顏色的部分）和 1/3 的糖在果汁機或食物調理機內打成泥，作為醬底。在醬底內拌入 2 大匙的香草精，但是要加入 3 大匙的甘邑橙酒（Grand Marnier）。

▮ 巧克力舒芙蕾　遵循前述基本食譜，但準備 2 夸特容量的烤模，8 人份。將烤箱預熱至 425 ℉（約 218℃）。用 1/3 杯的濃咖啡，融解 7 盎司的半甜巧克力（見 140 頁邊欄）。根據基本食譜製作醬底，使用 1/3 麵粉和 2 杯牛奶，小滾時打 2 分鐘。離火，打

入 3 大匙可省略的牛油，1 大匙香草精和一大撮鹽，4 顆蛋黃和
融化的巧克力。將 6 顆蛋白打發，加入 ½ 的糖，繼續打至堅挺
呈峰狀（見 138 頁邊欄）。

將舀起的巧克力醬沿著蛋白的碗流入，快速地拌在一起。將混
合液倒入烤模中，放入烤箱，將溫度降至 375 ℉，然後烤約 40
分鐘，直到開始膨起。撒上糖霜，一直到烤完成（見 101 頁邊
欄）。可以和略微打發的香緹（créme Chantilly，見 139 頁邊欄）
搭配食用。

風味卡士達
SAVORY CUSTARDS

我們往往以為卡士達（custards）就是甜點，尤其是大家都喜歡
的甜點——焦糖布丁（我現在就想要舀起一匙）。其實，卡士
達也可以是午餐或是晚餐的主菜，或是與烤肉、牛排等搭配食
用。當考慮在菜單上採用舒芙蕾時，就可以考慮採用另一個選
項——卡士達，花稍的說法是奶油盅（timbale）。這其實比較
容易製作，也不需要擔心蛋白打得是否完美，會不會塌下來。
卡士達能維持形狀，可以等，可以重新加熱，而且吃起來滑順，
富有感官上的喜悅。

基本食譜

青花菜奶油盅
Individual Broccoli Timbales—Molded Custards

5 至 6 盎司（²/₃ 至 ³/₄ 杯）模型，6 至 8 人份

◆ 1 ½ 至 2 大匙的軟化牛油（用在烤模）

- 4 顆大型的蛋
- 2 杯，煮熟、切碎、調味過的青花菜朵（見 47 頁）
- 2 大匙碎洋蔥
- ½ 杯新鮮的白麵包丁（見 71 頁邊欄）
- 2 至 3 大匙新鮮的碎巴西里
- ½ 杯（2 盎司）略微傾壓過的碎瑞士、巧達或是莫札里拉乳酪
- ½ 杯鮮奶油或牛奶
- ½ 茶匙鹽
- 轉數圈的現磨白胡椒粉
- 數滴塔巴斯可辣醬，可省略

將烤模內抹上軟化的牛油，將烤架放入烤箱下層，並預熱至350 ℉（約 176℃）。要用一個深烤盤來裝烤模，並且準備好一壺滾水。

在碗中，將蛋打勻，然後拌入剩餘的材料。小心品嘗，並正確調味。將混合液舀入烤模中，大約填至 ⅔ 滿。

將烤模排放在烤盤內，放入烤箱。將烤架拉出，倒入高至烤模一半高度的熱水。小心地將烤盤推回烤箱中，烤 5 分鐘，然後將溫度降到 325 ℉（約 163℃），然後再烤約 25 分鐘。調整烤箱的溫度，讓烤盤中的水維持在不至於沸騰，但是幾乎要冒泡的狀態。

什麼時候就烤好了？ 把長籤刺入卡士達中央，出來時是乾淨的即可。

小心地將烤盤拉出烤箱，讓烤模靜置至少 10 分鐘。

要脫模，用一把銳利、薄刃的刀，插入烤模的內緣劃一圈，然後逆向再劃一圈，將卡士達倒入溫熱的盤子上。

食用建議：上面撒上塗過牛油、烤過的麵包丁，或是番茄沾醬（見 52 頁邊欄），或是添加切碎新鮮香草的白醬（見 31 頁）。

▌**大型奶油盅**　在 4 至 5 杯量的舒芙蕾烤模或是高邊的烤盤內抹上牛油，倒入卡士達。放在烤盤內，倒入滾水至烤模的一半高度。如前述般地烤。

▌**玉米布丁盅**　按基本食譜製作，但是用 2 杯的新鮮玉米粒取代青花菜 8 至 10 朵，並加入 1 大匙的新鮮碎巴西里。

▌**其他變化**　煮過的碎菠菜、蘆筍尖、蘑菇、青椒和甜椒、貝類、火腿……，都可以取代卡士達中的青花菜。這是個多變化的配方。

卡士達甜點
MOLDED DESSERT CUSTARDS

卡士達布丁
Caramel Custard

2 夸特直立邊烤盤，8 至 10 人份

◆ 1 杯糖和 ⅓ 杯水，製作布丁

◆ 6 顆大型的蛋

◆ 5 顆蛋黃

◆ ¾ 杯糖

◆ 1 夸特熱牛奶

◆ 1 大匙純香草精

◆ 1 小撮鹽

將烤架放入烤箱下層，預熱至 350 ℉。將糖和水煮到焦糖的狀態（見 139 頁邊欄），然後將一半倒入烤模中，快速地轉，讓

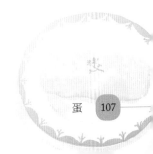

焦糖布滿烤模底和邊。在鍋中剩餘的焦糖中，加入 4 至 5 大匙的水，小火慢滾將焦糖煮至融化，變成待會兒要用的醬。

用打蛋器攪拌（不可以打，因為會產生氣泡）入蛋、蛋黃和糖，直到混合均勻。然後，起初要一點點的熱牛奶，加入以融化糖，然後再加入香草精和鹽。用細孔的篩過濾溶液入烤模中。將烤模放在深烤盤內，然後在烤盤內加入至烤模一半高度滾水。

約烤一小時，15 分鐘就檢查一次，以確定烤盤中的水維持在接近沸騰的狀態──只有小泡泡。如果水太熱，卡士達就會產生顆粒，水若是不夠熱，會花數個小時才能烤好。

什麼時後才完成？當布丁的中心仍舊微微顫動，但是插入布丁邊緣一吋深的籤出來的時候是乾淨的，就好了。

將烤模從烤盤中取出，讓布丁靜置至少30分鐘。布丁可以熱食、室溫食用或是冷藏後食用。如果要冷藏要加蓋，可以在冰箱內冷藏兩天。

脫模：用一把薄刃的刀插入布丁和烤模的邊緣內。將盤子倒扣在烤模上，然後翻轉過來，布丁就會慢慢地滑出了。將保留的焦糖漿倒在布丁的周圍。

變　　　化

▌單杯布丁盅　前述的比例能填滿一打 ⅔ 杯量，直徑 3 ½ 的小烤模。如前述般地在烤模中鋪上焦糖，然後倒入卡士達，放在熱水中以 325 ℉（約 163℃）烤 20 至 25 分鐘，直到邊緣凝固，但是中央仍微微顫動，即可脫模食用。

▌馬卡龍卡士達　在個別的碗中倒入焦糖，等到硬化後，抹上牛油。撒入壓碎的馬卡龍，覆蓋住底部和邊緣。倒入卡士達混合液。然後如前述般地烤和脫模。

甜點卡士達淋醬和填料
CUSTARD DESSERT SAUCES AND FILLINGS

卡士達淋醬絕對是任何廚師都會做的醬料，但是其中最重要也最有用的就是經典的英式奶油醬。那是許多甜點、冰淇淋、布丁和其他淋醬的基礎。和奶油蛋黃醬一樣，你必須處理變化多端的蛋黃，但是要記住你能完全掌控，只需要專注於熱源即可。

英式卡士達醬
Crème Anglaise—Classic Custard Sauce

約 2 杯

◆ 6 顆蛋黃

◆ ½ 杯糖

◆ 1 ½ 杯熱牛奶

◆ 3 大匙牛油，可省略

◆ 1 大匙純香草精

◆ 2 大匙黑蘭姆酒、甘邑或其他的利口酒，可省略

在蛋黃放在 2 夸特容量的不鏽鋼鍋內打發，一匙一匙地加入糖。繼續打 2 至 3 分鐘，直到蛋黃呈現濃稠狀、淡黃色，並且滴回碗中時會短暫地維持帶狀（見 138 頁邊欄）。加入熱牛奶，起初要一滴滴地慢慢地加。

放在中火上，持續地用木匙慢慢攪拌，隨著卡士達受熱變稠，木匙要接觸到全部的鍋底，不要讓它沸騰。如果看起來太熱，就將鍋離火，繼續攪拌。等到表面泡泡開始消失、可以看見蒸氣升起時，就快要大功告成了。

怎樣才算完成了？醬汁會在湯匙上形成一層乳狀薄膜。

打入牛油（可省略）、香草精和酒（可不加）。溫熱、室溫或

冷卻食用皆可。

儲存：記住這是個以蛋黃醬做為基礎的醬汁，所以不應放在室溫下超過半小時。要儲存 2 至 3 天，就必須待冷卻後加蓋放入冰箱冷藏。

漂浮島
Floating Island

這是很戲劇化的英式卡士達醬用法。將一大塊淋著焦糖的蛋白霜漂浮在卡士達醬的海洋上。

製作 6 至 8 人份。將牛油抹在 4 夸特容量的直邊烤盤內，並撒上糖霜。將烤架放在烤箱的中下層，並且預熱至 250 ℉（約 121℃）。將 ⅔ 杯的蛋白（約需 12 顆）打成峰狀（見 138 頁），然後一匙匙地加入 1 ½ 杯的糖繼續打發至堅挺、閃亮的峰狀。將蛋白霜放入烤盤內。烤 30 至 40 分鐘，直到蛋白霜膨脹至 3 至 4 吋高，插入中央的籤取出時是乾淨的為止。從烤箱中取出放涼──會塌下來（可以事前幾天先烤好，可以冷凍儲存）。

食用時，倒 2 杯英式卡士達醬到圓盤中，脫模取出蛋白霜放在平面上，然後切成 6 至 8 塊，排放在醬汁上。煮沸 1 杯糖和 ⅓ 杯的水至焦糖狀態（見 139 頁邊欄），等到略微冷卻成濃稠醬汁狀時，利用叉子將焦糖裝飾性地淋在蛋白霜上。

卡士達奶油派
Pastry Cream—Crème Patissière

亦即放入派、塔、蛋糕和其他甜點內的卡士達填料。

在不鏽鋼鍋中打散 6 顆蛋黃，慢慢地加入 ½ 杯糖和一小撮鹽。繼續打直到蛋變濃稠且淺黃色，能短暫維持帶狀（見 138 頁邊欄）。篩入並打散 ½ 杯的麵粉或是太白粉。起初要一滴滴地加

入，逐漸打入 2 杯熱牛奶，或是一半鮮奶油、一半全脂牛奶。慢慢地打，直到沸騰，然後快速地打數秒鐘，以完全打散可能有的凝塊。小火慢滾，用木匙攪拌 2 分鐘，以煮熟麵粉或是太白粉。

離火，拌入 1 大匙的香草精，可視喜好拌入 2 大匙無鹽牛油和蘭姆酒或是櫻桃酒。用細網漏篩過濾入碗中。放涼，偶爾攪拌一下以避免凝塊形成。

儲存： 在表面貼上保鮮膜，以避免形成一層皮。加蓋，在冰箱冷藏室內可放 2 至 3 天，或是冷凍亦可。

|加料和變化|

▌**將醬調稀** 拌入 ½ 杯的打發鮮奶油。或是利用加入 2 杯的義大利蛋白霜（見 140 頁），以維持體積和持續力，將兩者拌在一起就成了希布絲特奶油餡，可以當作蛋糕的夾層或是糖霜，或是做為水果塔的卡士達基底。

沙巴庸
Sabayon

製作水果甜點的酒味卡士達醬。將 1 顆蛋、2 顆蛋黃、½ 杯糖、一小撮鹽、⅓ 杯瑪莎拉酒、雪莉、蘭姆或是波本和 ⅓ 杯的不甜苦艾酒放入不鏽鋼鍋中。等到混合均勻後，在中小火上慢慢地打 4 至 5 分鐘，直到醬汁變濃稠、開始起泡，用手摸非常地溫熱，但是不可沸騰。溫熱或冷食皆可。

經典巧克力慕斯
Classic Chocolate Mousse

在巧克力甘那許（chocolate ganache，見 141 頁）風靡之前，巧

克力慕斯是最普遍的。但是甘那許做起來還更快速、簡單，因為不過是融化的巧克力和鮮奶油而已。當你拌入打發的蛋白時，就能讓甘那許變得更誘人，當你拌入義大利蛋白霜時，高度會變得益發驚人。不過，下述的柔順、濃郁、絲絨般的經典慕斯仍舊是我最愛的巧克力慕斯。

約 5 杯的慕斯，6 至 8 人份。用 4 大匙濃咖啡融化 6 盎司的半甜巧克力（見 140 頁邊欄），將 1½ 條無鹽奶油切成大塊放入，慢慢融化。同時，在碗中將 4 顆蛋黃和 ¼ 杯的柑橘利口酒打勻，慢慢地加入 ¾ 杯糖，繼續打直到變得濃稠、淺黃色，並且能短暫地維持帶狀（見 138 頁）。將碗放在一鍋幾乎沸騰的水上，繼續打 4 至 5 分鐘，直到起泡、觸感溫熱。離火，在一碗冷水上繼續打，直到變涼、濃稠，而且能呈現帶狀。

等到巧克力融化，和牛油均勻地混合時，拌入蛋黃混合液。將 4 顆蛋白打成峰，然後加入 2 大匙的糖，繼續打成堅挺、閃亮的峰狀（見 138 頁）。將 ¼ 的打發蛋白拌入蛋黃和巧克力中，然後小心地拌入剩餘的蛋白。

將慕斯倒入 6 杯量的盤中，或是個別的盅內。加蓋，冷藏數小時（慕斯可以放在冷藏室中數天之久）。可搭配略微打發的鮮奶油（見 139 頁）或是前面提到的英式卡士達醬食用。

麵包、可麗餅和塔

「當然,你可以買現成的派皮,但是不知道怎麼做就太可惜了。」

BREADS, CRÉPES,
AND TARTS

聰明的做法是要檢驗酵母粉是否仍然有效。將 1 大匙的酵母粉和 3 大匙的溫水和一小撮糖放入杯中。如果在 5 分鐘之內開始冒泡,就表示酵母粉仍舊有效!

最後一次的手揉麵團

如果在調理機內揉過頭,麵團會發熱,除此之外,麵團裡面的麵筋會斷裂,造成無法完全發起。要完成麵團:將麵團對折,然後用手掌的下緣,用力而且快速地向外推出。重複 50 次,直到麵團變得光滑,而且在拉開時有彈性而且不會斷裂。麵團不應該黏手,除非是用手捏著一塊。

麵包
BREADS

發酵麵包是門龐大的課題,不但包含了白麵包和法國麵包,還有可頌麵包、布里歐麵包、黑麥麵包、全麥麵包和黑裸麥麵包、酸麵包……等等。因此在這本小書中,我要專注在一些適用於所有麵包的基礎樣式上。

白麵包、法國麵包、披薩和硬麵包的基礎麵團
Basic Dough for White Bread, French Breads, Pizzas, and Hard Rolls

足以填滿一個 2 夸特的吐司烤模,可製作出兩個胖法國麵包、3 條 18 吋的法國棍子麵包、2 個 9 吋的圓麵包、2 個 16 吋的披薩或 12 個餐包。

- 1 包（略少於 1 大匙）乾酵母粉
- ⅓ 杯溫水（不超過 110 ℉〔約 43℃〕）
- 1 小撮糖
- 1 杯冷水,視需要可更多
- 3 ½ 杯（1 磅）未經漂白的中筋麵粉,或是高筋麵粉,視需要可用更多
- 1 大匙黑裸麥或是全麥麵粉
- 2¼ 茶匙鹽

用溫水和糖測試酵母粉是否仍有效（見邊欄）,然後拌入冷水中。將量好的麵粉和鹽放入裝好攪拌刀的食物調理機內。用慢速攪拌並慢慢加入酵母和水,視需要可再加入一點點的水,直到麵粉在攪拌刀上形成麵團。再多轉 8 至 10 圈,然後停止機器,用手感觸一下麵團。應該具有相當的柔軟度和可塑度。如果太

濕，一大匙一大匙地加入麵粉；太乾，則一點點地加入冷水。靜置 5 分鐘。

再攪拌麵團 15 秒左右，然後取出放在撒過麵粉的麵板上，休息 2 分鐘。快速地用下述手法揉麵團 50 下（見 114 頁邊欄）。

第一次發酵 　將麵團放入一個大約 4 夸特大小、邊緣相當平直、無油的乾淨碗中。用保鮮膜和毛巾將碗蓋住，放在無風的位置——理想溫度是 75 ℉（約 24℃）。麵團應該會膨脹至原本體積的 1½ 倍大，通常需時 1 小時。

第二次發酵 　將麵團放在撒過麵粉的檯面上。擠壓麵團、拍打成一個 14 吋見方的長方形，然後折成 3 折。再重複一遍，然後放回碗中，覆蓋、再發酵一次。將會膨脹成原來大小的 2½ 至 3 倍大，通常需要 1 至 1½ 小時。等麵團幾乎是三倍大時，就可以將麵團塑形，烘烤了。

做兩條長型法國麵包
To Form and Bake 2 Long French Loaves

這裡所描述的特殊做法，就是要迫使麵團發展出一層外皮，讓麵團在不用模型時也能形成典型的硬皮。隨時都要讓工作檯面上維持一層薄薄的麵粉，這樣子逐漸形成的外皮才不會破裂。

將一塊平坦、略微撒上麵粉的棉布或麻布放在一大張無邊的烤紙，或是上下顛倒的淺烤盤上，好放置塑形完成的麵團。

將麵團切成兩半，然後分別對折。將一塊麵團蓋起來，另一塊則推、壓成一個約 8×10 吋大小的長方形。

對折。用拳頭扎實地拍打擠壓，讓邊密合起來，並且將麵團打成原本的大小。

將麵團捲起，縫朝上，然後用手刀用力地在縫上面壓出一條溝。

沿著接縫，對折。然後再用力地將邊縫壓至密合。

靜置麵團
麵粉含有澱粉和麵筋。麵筋將分子凝聚在一起，並且讓麵團能夠維持膨脹後的狀態。但是在揉麵的過程中，麵筋也會產生抗勁，使它越來越不容易操控。當麵團很難擀開，就停下來讓麵團靜置（休息）10 分鐘左右。麵筋就會放鬆，你就可以繼續了。

發酵的溫度
理想的發酵溫度是 70 至 75 ℉。（約 21 至 24℃）越熱，麵就發得越快，那樣會錯失麵團風味的產生。冷一點沒問題，甚至冷到冰箱冷藏室的溫度都可以——你會得到更多的風味，但是麵團需要更久的時間發酵，環境越冷，發酵的時間就需要越長。

烘焙法國麵包的器具

法國麵包不但不需要發酵的模型，更不需要烘焙的模型。缺乏正確的器材，很難以進行。以下是你需要的設備。

熱騰騰的烘焙表面

法國麵包在金屬烤盤上是無法正確完成烘烤的。必須將麵團滑到烤石或是披薩石上面，或是在你的烤架上放上陶瓷烤板——這些都可以在某些廚房設備專賣店或是五金行購得。

脫模或是鏟子

發酵完成的麵團必須要從上粉的毛巾上，滑放至熱騰騰的烘焙板上。我用的是一支在房屋裝修器材行買到的 3/8 吋（約 1 公分）厚、8x20 吋（約 20 x 50 公分）的合板，將一塊麵團滑放至烤箱，還有一個 20 吋，比我的烤箱窄 2 吋的板子來滑放數個長麵團。

粗玉米粉

在滑板上撒上粗玉米粉，能避免麵團沾黏。

蒸氣

要延長發酵和表皮定型的時間，在烘焙的前幾

從中間開始，用手掌開始慢慢地向兩側搓揉外推。直到麵團被搓成約 18 吋（約 4.5 公分）長（不要比你的烤盤長）。然後接縫面朝上，放在撒過麵粉的毛巾上。這時候，我喜歡沿著邊緣將接縫處捏緊。鬆鬆地用另一塊撒過粉的毛巾蓋上，然後用相同的手法幫另一塊麵團塑形。沿著第一塊麵團的旁邊，拉起一道布摺，好分隔兩塊麵團，然後放好第二塊麵團。

烤前最後一次發酵。通常是 1 至 1 ½ 小時。用撒過麵粉的毛巾蓋在兩塊塑形好的麵團上，讓麵團膨脹成一倍。在發酵的同時，做好烘焙的所有準備工作，好在發酵完畢後立刻進行。

烘烤兩條法國麵包　將烤架放烤箱的中或中下層，放好烤石或是陶板，將烤箱預熱至 450 °F（約 232℃）。在滑板上撒上粗玉米粉，然後準備好溫度計和滑板。取下覆蓋的毛巾，將滑板貼進內側的麵團，提起另一側的毛巾，將麵團翻過來，平滑表面朝上地落在滑板上，然後將麵團推到滑板的一側。重複地將第二塊麵團翻上滑板。將麵團的一端推到滑板的邊緣。

以幾乎平躺的刀，在麵團上劃出三道開口。打開烤箱門。將滑板放入烤箱內，距離烤箱底邊 1 吋的位置，然後迅速地將滑板從麵團下抽離，將麵團留在熱烤石上。立刻在烤箱底或是煎鍋中倒入 ½ 杯水。關起烤箱，烤 20 分鐘，將溫度降到 400 °F（約 204℃），再烤 10 分鐘左右，直到完成（見 117 頁邊欄）。取出麵包，放在架子上放涼。

変　　化

▌**棍子麵包**　在第二次發酵之後，將麵團分成三等分。塑形、滾動、拉長成細繩狀（直徑 2 吋）；進行第三次發酵，直到膨脹一倍。像前述一樣的烘烤方式，但是將溫度降至 400 °F 後，

就要檢查是否已完成。

▌**圓形鄉村麵包** 在第二次發酵之後，將麵團放在撒過粉的檯面上，以基本食譜中相同的方式擠壓出空氣。整個麵團製作成一個大麵包，或是切割成兩塊，製作成兩塊麵包。

將麵團拍成圓餅狀。對摺，轉 90°再對摺，重複 6 至 8 次，直到麵團變成厚厚一片。翻轉麵團，在手掌中搓揉，將邊緣塞入下方，直到形成一個平滑、圓形的麵團。

將麵團翻過來，把底部弄平滑。將邊緣捏在一起，放在撒過粉的毛巾上，覆蓋上另一條毛巾。

繼續發酵至體積膨脹一倍。如基本食譜一樣地將烤箱預熱至 450°F。將麵團的平滑面朝上地放在撒過粗玉米粉的滑板上。用刀在表面劃出裝飾性的紋路，例如交錯線條，或是樹。將麵團滑入烤箱，製造蒸氣，如基本食譜般地烘烤。大麵團需要多加 10 至 15 分鐘的烘烤時間，以 375°F（約 191℃）完成烘烤。

▌**用吐司烤模烘烤** 在 2 夸特的吐司模內抹上牛油。將麵團塑成比模略小的長方形。對摺、再對摺，如果是長型吐司模，就要形成一個長方形。將接縫朝下放在模內，將麵團擠壓入邊角。發酵直到膨脹成兩倍大。

在此同時，將烤架放入烤箱下層，並預熱至 450°F。在麵包的表面中央劃一道，然後烤 20 分鐘。將溫度降至 400°F繼續烤。等到完成後，脫模、在架上放涼（見邊欄）。

▌**法式硬皮小餐包** 在第二次發酵後，將麵團分成 12 塊。將每塊麵團對摺。然後放在手掌下搓揉，直到形成一個球。將底部捏合，然後光滑面朝下地放在撒過粉的毛巾上。用另一條毛巾覆蓋住，進行最後一次發酵，直到體積倍增。

準備並將烤箱預熱至 450°F。每次將 3 至 4 個餐包平滑面朝上，放在撒過粗玉米粉的滑板上。在側面劃一圈，或是在表面劃上

秒內需要一些蒸氣。在電烤箱內，只要在關門前，在底部的烤盤內倒入 1/2 杯水即可。在瓦斯烤箱內，在預熱的時候，放入鑄鐵煎鍋，等到要烤麵包時，在鍋內倒入熱水即可。

麵包烤好了沒？

麵包應該感覺很輕，同時在敲打的時候會發出悅耳的聲音，但是要直到插入溫度計顯示 200°F（約 93℃），才算完成。

手揉麵團

如果你喜歡完全用手揉麵團，可以在一個結實的碗中，用木匙將所有的材料混合在一起，然後將麵團放在撒過麵粉的料理台上。剛開始的時候，用刮刀鏟起麵團，然後用力地摔在檯面上數次，直到麵團開始成形。休息 5 分鐘。之後如前述方式，繼續用手揉麵團（見 114 頁邊欄）。

交叉的刀口。將麵團滑上烤石，然後快速地處理其餘的麵團。如基本食譜所述製造蒸氣。烤 15 至 20 分鐘，然後將溫度降至 375 °F，再烤數分鐘，直到完成（見 117 頁邊欄）。

▌**披薩** 製作 2 張 16 吋（直徑 40 公分）的番茄披薩。將烤架放在烤箱中下層，並且預熱烤箱和披薩烤石至 450 °F。

將麵團揉成兩個平滑的球狀，覆蓋靜置。10 分鐘後，在披薩鏟上撒上麵粉，在鏟子上將麵團擀平、用手指拉扯擠壓，直到形成圓形薄片，或是像專家那樣用兩個拳頭支撐、扭轉、拋起。你得見識過才可能會做！

慷慨地在麵團表面刷上橄欖油，撒上 ½ 杯的碎硬乳酪，再鋪上 2 杯新鮮的番茄醬。撒上更多的橄欖油，撒上 ½ 杯左右的莫札瑞拉乳酪，撒上一些百里香、奧勒岡或是義大利香草，再撒上一些鹽和胡椒。淋上更多的油，和再 ½ 杯的碎硬乳酪。

將披薩滑上熱烤石，然後烤 10 至 15 分鐘，或直到表面開始冒泡，邊緣膨起，底部變得酥脆。在第一片披薩在烤時，準備第二片披薩。

用麵包機烤麵包：白吐司
Baking in the Machine: White Sandwich Bread—Pain de Mie

好的白吐司其實很難得，當我只需要一條白吐司時，我喜歡用麵包機。不過我不在麵包機內烘烤，因為我不喜歡烤出來的模樣，但是麵包機使得攪拌和發酵的過程非常地清爽和簡單。以下是我的配方，可以用任何標準大小的麵包機製作。

8 杯直邊吐司麵包模

用 1 ½ 大匙溫水和一小撮糖，在杯中檢測 2 茶匙酵母粉。在此同時，用 ½ 杯牛奶融化 ½ 條切成大塊的無鹽牛油，然後加入 1 杯冷牛奶降溫。倒入麵包機中，加入 2 茶匙的鹽、1 ½ 茶匙

糖、3½杯的中筋麵粉和檢測過的酵母粉（見114頁邊欄）。選取麵團程序。在發酵後，取出麵團，壓平，摺成三份，然後再放回機器內進行第二次發酵。然後麵團就可以進行塑形和烘烤了。可以採用吐司模烘烤，若是想要四邊都平坦的吐司，則將吐司模抹好牛油，放入的麵團不可超過⅓的高度，然後繼續讓麵團發酵直到膨脹成兩倍。（將多出來的麵團揉成小餐包或是製作成小條吐司）將吐司模上用抹好牛油的錫箔紙包起來，放入預熱至425℉（約218℃）的烤箱的中下層。在吐司模上面放上一個烤盤，壓上5磅的重量，例如磚頭或是金屬物品。烤30至35分鐘，直到麵團充滿吐司模，呈現漂亮的棕色。將錫箔取下，再烤10分鐘左右，直到吐司能夠輕易地脫模。內部溫度應達到200℉（約93℃）。

兩種麵包甜點
TWO DESSERTS BASED ON BREADS

蘋果夏洛蒂蛋糕
Apple Charlotte

10人份

◆ 4磅在烹調後能維持住形狀的結實蘋果，去皮切成½吋的小塊

◆ ⅔杯淨化奶油（見59頁邊欄）

◆ ½杯紅糖

◆ 1顆檸檬的碎皮

◆ 1小撮肉桂粉

◆ ⅓篩過的杏桃果醬

◆ 2茶匙香草精

◆3 大匙牙買加黑蘭姆酒

◆13 片扎實的切邊白麵包（前述食譜）

◆1 杯杏桃果膠（見 141 頁邊欄）

◆1½ 杯英式卡士達醬（crème anglaise，參見 109 頁）

用 2 大匙的牛油炒蘋果 2 至 3 分鐘。撒上紅糖和碎檸檬皮，繼續炒 5 分鐘左右，直到蘋果開始變褐色，並且糖化。拌入肉桂粉、杏桃果醬、香草精和蘭姆酒，再炒 2 分鐘左右，直到蘋果吸收所有的液體。

將烤架放在烤箱的中間或中下層，並預熱至 425 ℉（約 218℃）。將四片吐司在檯面上排成正方形。將一個中空的圓形直邊烤模放在正方形的中央，然後沿著底部切出一個圓形備用。將另一片吐司切成一個直徑 2 吋的圓形備用。

在煎鍋內加熱 3 大匙的牛油，然後將保留的麵包兩面煎成棕色。再來煎吐司邊。將烤模的底部抹上牛油，鋪上一圈蠟紙。將煎過的麵包圓形鋪在烤模內（保留較小的圓形）。將剩餘的麵包切半，一塊塊地浸入剩餘的牛油中，然後略微交疊地直立在烤模的裡面。將炒過的蘋果和煎過的麵包邊交錯層疊入烤模中，直到高出烤模邊緣 ¾ 吋。

將烤架放在烤箱中間，然後在底部放置一個烤盤，以接住任何的汁液。約烤 30 分鐘左右，用橡皮刮刀壓蘋果數次，直到排在邊緣的麵包呈現棕色。

從烤箱中取出，至少靜置 1 小時。脫模放入盤中，用杏桃果膠塗抹在表面，將小麵包圈放在上面，抹上果膠。可溫熱或冷卻，搭配英式卡士達醬（見 109 頁）食用。

肉桂吐司布丁
Cinnamon Toast Flan—a Bread Pudding

6 杯量 2 吋深的烤盤，6 至 8 人

◆4 大匙軟化的無鹽牛油

◆6 至 7 片白吐司，不需切邊

◆¼ 糖混合 2 茶匙肉桂粉

◆5 大顆蛋

◆5 個蛋黃

◆¾ 杯糖

◆3 ¾ 杯熱牛奶

◆1 ½ 大匙香草精

使用一半的牛油抹在吐司的一面上。抹油面朝上，排放在烤架上，並且在上面撒上肉桂糖。要注意烤的時間，只需要幾秒鐘，糖就會開始起泡。將每片吐司切成四個三角形。將剩餘的牛油塗在烤模內，然後有糖的面朝上，填滿烤模。

用蛋、蛋黃、糖、牛奶和香草精製作卡士達醬（見 109 頁），然後將一半過篩倒在吐司上。浸泡 5 分鐘，然後過篩倒入剩餘的卡士達醬。

將烤盤放在預熱至 325 ℉（約 163℃）烤箱的中下層。將滾水倒入烤盤中，到 ½ 的高度。烤 25 至 30 分鐘，讓水維持在幾近沸騰的狀態。等到籤插入距離邊緣 1 吋的位置，出來是乾淨時，就烤好了。

溫熱、室溫或冷卻後食用，佐以水果醬汁或是現切水果（可以放冷藏 2 天）。

可麗餅
CRÊPES —— PAPER-THIN FRENCH PANCAKES

可麗餅真的很容易做,而且適用於簡單但是花稍的主菜和甜點。更棒的是,你可以多做幾個,冷凍多餘的可麗餅,然後運用在許多快速的餐點中。

基本食譜

多用途可麗餅
All-Purpose Crêpes

約製成 20 張 5 吋或 10 張 8 吋大的可麗餅

◆1 杯中筋麵粉(見 135 頁邊欄)

◆²⁄₃ 杯冷牛奶

◆²⁄₃ 杯冷水

◆3 顆大雞蛋

◆¼ 茶匙鹽

◆3 大匙融化牛油,需要更多抹在鍋內

將所有的材料在果汁機內,或是調理機內或是用打蛋器拌勻。採用中筋麵粉的話,須冷藏 ½ 小時。麵糊休息的時間是讓分子吸收液體,製作出柔嫩的可麗餅。加熱一支直徑 5 至 8 吋的不沾煎鍋,到滴入的水滴會在鍋中彈跳時,薄薄刷上一層融化的牛油,倒入 2 至 3 大匙的麵糊,並搖動煎鍋直到均勻覆蓋鍋底。煎 1 分鐘左右,或直到底部呈棕色,將可麗餅翻過來,短暫地煎一下另一面。放在架上待涼,並繼續煎剩餘的可麗餅糊。等到完全涼透時,疊起可冷藏 2 天,或是冷凍數周之久。

可麗餅捲
ROLLED CRÊPES: SAVORY AND DESSERT ROULADES

鹹味菠菜和蘑菇可麗餅捲
Savory Spinach and Mushroom Crêpe Roulades

8 張可麗餅，4 人份。準備 2 杯的白醬（見 31 頁），1¼ 杯切碎、煮熟、調味的菠菜（見 47 頁）、1 杯切成四瓣炒過的蘑菇（見 53 頁）。在抹過牛油的焗烤盤底，薄薄鋪上一層醬汁，然後撒上 2 大匙的碎瑞士乳酪。用 ½ 杯的醬汁拌勻菠菜和蘑菇，分成 8 份。在每一張可麗餅的下方，放置一匙的填料，捲起可麗餅，然後將接縫處朝下，放在盤內。將剩餘的醬汁淋在上面，然後撒上 ½ 杯的碎乳酪。放在預熱至 375°F（約 191°C）的烤箱內，烤 25 至 30 分鐘，或直到開始冒泡泡，並且表面略成棕色為止。

草莓甜點可麗餅
Strawberry Dessert Crêpes

8 張可麗餅，4 人份。將 1 品脫（約 473 ml）或更多新鮮切片草莓和各 1 至 2 茶匙的糖和櫻桃酒、柑橘甜酒或甘邑，混合在一起。瀝乾，大方地將草莓放在可麗餅的下方，然後捲起來。將兩張可麗餅捲縫朝下地排放在盤內。淋上 1 大匙的草莓汁液，再放上一點打發的鮮奶油——香緹（créme Chantilly，見 139 頁邊欄）。

千層蛋糕
LAYERED CRÊPES: SAVORY AND DESSERT GÂTEAUX

龍蝦、青花菜和蘑菇千層蛋糕
Savory Tower of Crêpes with Lobster, Broccoli, and Mushrooms

製作 10 至 12 張可麗餅，5 至 6 人份。將 ½ 杯的碎瑞士乳酪攪拌融入 2 杯溫熱的白醬（見 31 頁）中，就製作出了白乳酪醬。

其他的填料

鹹味可麗餅 可採用任何適用於歐姆蛋的填料。

甜味可麗餅 最簡單、也總是受歡迎的家庭甜點，就是在底部抹上牛油、撒上糖，捲起來，上面再撒糖，用 375 ℉ 烤到熱透。可直接食用，或滴上甘邑或是柑橘利口酒點火。或是包起杏桃、草莓或是覆盆子果醬，捲起來食用；或是橘子果醬或是下述食譜中美味的柑橘牛油。

準備好 2 杯奶油龍蝦（見 94 頁邊欄），使用 ½ 杯的醬料取代動物性鮮奶油。將 ½ 杯醬和 2 杯的青花菜朵（見 47 頁）拌在一起，再用 ½ 杯的醬和 2 杯炒過的蘑菇（見 53 頁）拌在一起。將一片可麗餅放在烤盤中央，然後將一半的填料放在可麗餅上，再蓋上一片可麗餅，然後淋上另一種填料的一半。重複這個過程直到蓋上最後一片可麗餅，然後將剩餘的醬汁淋在上面。

在預熱至 400 ℉（約 204℃）的烤箱中烤 30 分鐘，或直到冒泡泡，略帶焦黃。

諾曼地千層蛋糕
Dessert Gâeau of Crêpes à la Normande

製作 12 片可麗餅，5 至 6 人份。4 至 5 杯去皮、切片的蘋果鋪在一個大的烤盤中，並且在上面撒上 ⅓ 杯的糖和 4 大匙融化的牛油。在預熱至 350 ℉（約 177℃）的烤箱中烤 15 分鐘，或直到蘋果變軟。將一片小可麗餅放在抹過牛油的烤盤中，鋪上一層蘋果片，然後在上面撒上 1 大匙的馬卡龍碎片，幾滴融化的牛油和幾滴甘邑。再放上一片可麗餅，然後是蘋果、馬卡龍，重複過程直到有 10 至 11 層。最後一層是可麗餅。撒上融化牛油和糖，放在 375 ℉ 的烤箱內烤到起泡。

橙香火焰可麗餅
Crêpes Suzette

12 片可麗餅，6 人份

◆ 2 顆結實、果皮發亮的柳橙

◆ ½ 杯又 1 大匙糖

◆ 2 條（8 盎司）無鹽牛油

◆ 3 大匙柑橘利口酒製作牛油，再加上 ¼ 杯用來燃燒

◆ 約 ½ 杯過濾過的橘子汁

◆ 12 片 5 吋大的可麗餅（見 122 頁）

◆ ¼ 至 ⅓ 杯甘邑

剝下柳橙的皮（不要白的部分），加入 ½ 杯的糖，用食物調理機打得粉碎。加入牛油，待呈奶油狀時，一滴滴地加入 3 大匙的柑橘利口酒和橘子汁。在保溫餐爐或煎鍋內將柑橘牛油煮 4 至 5 分鐘，直到呈糖漿狀。然後一片片迅速地將可麗餅在牛油中浸一下，漂亮的一面朝外對摺、再對摺，形成一個三角錐狀。將可麗餅排放在保溫餐爐中，撒上 1 大匙的糖。將剩餘的利口酒和甘邑倒在可麗餅上。等到開始冒泡時，用火柴點火，並且用湯匙將燃燒的液體淋在可麗餅上。用熱盤上桌。

| 變　　　化 |

▌柑橘杏仁牛油可麗餅　將 ½ 杯磨成細粉的杏仁或是馬卡龍碎片，¼ 茶匙的杏仁精打入前述的柑橘牛油中。抹在 18 張小可麗餅上，折成三角錐形、交疊排放放在烤盤上。撒上 3 大匙的糖，在 375 ℉的烤箱內加熱 15 分鐘，或直到上面的糖開始焦化。將各 ⅓ 杯的柑橘利口酒和甘邑倒入鍋中，加熱然後用火柴點燃。用湯匙將燃燒的液體澆在可麗餅上，即可上桌。

塔
TARTS

除了製作派皮麵團之外，塔可是我們烹飪寶庫中最容易製作的了，而食物調理機讓製作麵團也變容易了。當然，你可買現成的派皮，但是不知道怎麼做就太可惜了。

保冷！

像這種油脂含量較高的麵團，在室溫下很容易就變軟，變得很難，甚至無法處理。當發生這種狀況時，停下手中的工作將麵團冷藏 20 分鐘。我為了讓事情更順利的進行，買了一塊大理石板，目前就長住在冰箱內。每次要製作麵團時，我就取出大理石板當做工作檯面。

要用什麼容器烤

可以將無底、抹過油的布丁圈放在抹過油的烤盤上製作塔皮，或者用分離烤模或是有溝紋的烤模，或是派盤或是蛋糕模的背面。或者也可以手塑一個派皮放在烤盤上。

基 本 食 譜

多用途派皮麵團──脆餅派皮
All-Purpose Pie Dough—Pâte Brisée Fine

製作兩個 9 吋圓形派皮，或是一個 14×18 的派皮

你要注意到這食譜的麵粉和脂肪混合比例。少了這部分，美國一般的中筋麵粉的麵筋含量較高，會做出太過酥脆的派皮。但是如果你買得到派粉，就可以單獨使用，並全用牛油不需要使用牛油和植物性白油的混合。

◆ 1½ 杯未經漂白的中筋麵粉（要刮平杯口，見 135 頁邊欄）

◆ ½ 杯蛋糕粉

◆ 1 茶匙鹽

◆ 1½ 條（6 盎司）冷卻的無鹽牛油，切丁

◆ 4 大匙冷卻的植物性白油

◆ ½ 杯冰水，視需要可以用更多

將麵粉、鹽和牛油放入食物調理機的攪拌碗中，然後使用鋼刀。按壓 5 至 6 次 ½ 秒的時間，好打碎牛油。然後加入白油，開機，立刻加入水，再打 2 至 3 次。開蓋，檢視麵團，看起來應該像是一團小黏塊凝結在一起，握住一把的話，應該可以黏住。如果太乾，再加幾滴水打幾下。

將麵團放在工作檯上，用手掌根部快速且用力地將如蛋大小的麵團，推成一道 6 吋長的抹痕。將麵團聚攏成平滑的餅狀，用保鮮膜包起，至少冷藏 2 小時（至多可達 2 天），或者也可以冷凍數個月之久。

變　　化

■ **甜點塔用的甜麵團**　採用相同的配方，但是將鹽量減至 ¼ 茶匙，增加 2 大匙的糖。

塔皮塑形
Forming a Tart Shell

利用 9 吋雞蛋布丁圈塑形 9 吋派皮

準備好布丁圈和抹過油的糕餅烤盤。將冷卻的麵團切半，一半先包起冷藏。快速地在撒過粉的檯面上，將一半的麵團擀成 ⅛ 吋厚的圓形，要比布丁圈大 1 ½ 吋（3.8 公分）。

將麵皮捲在擀麵棍上，然後攤平在布丁圈上，輕輕地將麵皮壓入。要製作結實的邊緣，在周圍推入 ½ 吋。將桿麵棍滾過布丁圈的上緣，壓斷多餘的麵皮，然後沿著邊緣推起 ⅓ 吋的邊。

用叉子壓出邊緣上的花紋，並且在底部戳出孔。用保鮮膜包起來，冷藏至烘烤前 30 分鐘。

用烤盤底製作派皮

將烤盤的外面抹上油，然後底部朝上的放置。擀開麵團，鬆鬆地放在烤盤上，然後輕柔地將麵團壓在烤盤上。要讓派邊更厚，用拇指將麵團推在烤盤邊上。用叉子壓出派皮上的花紋。

製作自由塑形方形塔皮

將冷麵團擀成 ⅛ 吋（約 0.3 公分）厚、16×20 吋（約 40×51 公分）的長方形。用擀麵棍捲起麵皮，然後攤在抹過油的無邊平板烤盤上。將邊修直，然後在邊緣切一條 1 吋寬的長條。用冷水抹在長方形的邊緣上，然後將長條放在上面形成突起的邊緣。用叉子在長條上壓出裝飾花紋，並在底部戳洞。包起冷藏。

預烤派皮——盲烤
Prebaking a Shell—"Blind Baking"

如果先預烤派皮的話，裝好填料後的塔，烤出來的皮會更酥脆。將烤架放入中下層，預熱烤箱至 450 ℉（約 232℃）。採用鹹派圈、分離式烤模或是無模派皮，先在一張比派皮大數吋的錫

鹹派的比例

任何鹹派都可以用動物性鮮奶油或是奶油或是牛奶製作。比例總是將1顆蛋放入量杯中，然後加入牛奶或鮮奶油至 ½ 杯的高度；2顆蛋加入牛奶或鮮奶油至1杯；3顆蛋加入牛奶或鮮奶油至1 ½ 杯，以此類推。

箔的亮面上抹好油。將抹油的面朝下，輕輕地壓在冷卻的塔殼的底部和邊上。要預防底部膨起以及邊緣塌掉，倒入乾豆子、米或是鋁製的派重量，要注意緊靠邊緣。

烤10至15分鐘，直到底部固定但是仍舊有點軟。移除錫箔和上面的豆子，再度用叉子戳派底，然後再放回烤箱內。若是要先完成部分烘烤，就再烤2分鐘左右，直到派皮開始上色，而且和烤盤邊緣有點分開。要完全烤好派皮，則烤4分鐘左右，直到略帶棕色。

基 本 食 譜

洛林鹹派
Quiche Lorraine

9吋鹹派，6人份

◆6條煎得香脆的培根

◆1個完成部分烘烤的派皮

◆3顆大型的蛋

◆約1杯鮮奶油

◆鹽、現磨胡椒和肉豆蔻

烤箱預熱至375℉（約191℃）。將培根剝成小塊，撒在派皮內。將蛋和足夠的鮮奶油混合成1 ½ 杯的卡士達，然後調味，倒入派皮內，至距離邊緣 ⅛ 吋（0.3公分）的高度。烤30至35分鐘，或直到膨起，呈金黃色。脫模放入圓盤中，溫熱或室溫上桌。

變 化

▌乳酪與培根鹹派　根據基本食譜的做法，但是撒上 ½ 杯的碎瑞士乳酪在派皮內，然後再加入卡士達醬，在烤之前，在上面

加上另一匙的碎瑞士乳酪。

▌菠菜鹹派　將 1 杯煮好、切碎、調味過的菠菜（見 47 頁）拌入卡士達醬中。撒上 2 大匙的瑞士乳酪在派皮的底部，倒入卡士達醬，撒上更多的乳酪，然後按照指示烘烤。

▌貝類鹹派　按照 94 頁的說明準備好貝類，但是省略奶油。倒入派皮中，倒入卡士達醬，撒上 3 大匙的碎瑞士乳酪，然後按照指示烘烤。

▌洋蔥與香腸鹹派　將 2 杯小火慢炒過的洋蔥末倒入派皮內。倒入卡士達醬，在上面排放切成薄片的義大利香腸和 ¼ 杯碎瑞士乳酪。按照指示烘烤。

▌其他填料　9 吋的派皮，約需要 1 杯的分量。幾乎任何食材都可以放入鹹派內，從煮過或是罐頭的鮭魚到鮪魚，青花菜朵（見 47 頁），炒甜椒、切片的蒜白、炒蘑菇（見 53 頁）或是雞肝等。

基 本 食 譜

蘋果塔
Apple Tart

9 吋派皮，4 至 6 人份

◆ 預烤過的 9 吋（約 23 公分）派皮（見 126、128 頁）

◆ 溫熱的杏桃果膠（見 141 頁邊欄）

◆ 2 至 3 顆結實的蘋果，切半、去子

◆ 2 大匙糖

將派皮的底部塗上杏桃果膠。將蘋果漂亮地排放好，填滿派皮，撒上糖。放在預熱至 375 ℉（約 191℃）的烤箱中上層，烤 30 至 35 分鐘，直到略微上色、完美的柔嫩。脫模放入盤中，用更多的杏桃果膠抹在蘋果上面。溫熱或冷食皆可。

清理燒黑的烤盤
將烤盤裝滿水，每夸特的水中加入 2 大匙的小蘇打。滾煮 10 分鐘，加蓋，浸泡至冷卻，需數小時至過夜。用一支硬毛刷可輕易地清除黑色的殘留物。

時間——傳統烤箱和旋風烤箱
本書中所有的烘烤時間都是使用傳統烤箱。旋風烤箱大約能省 1/3 的時間。換句話說，一隻羊腿在傳統烤箱內，以 325 ℉（約 163℃）需要 2 小時，可能在旋風烤箱內甚至連 1 1/2 小時都用不到。

變　　化

■ **自由塑形蘋果塔**　根據 126 頁的方式製作派皮。撒上 2 大匙的糖。將 3 至 4 顆的蘋果去皮、去子，切片仔細交疊地排放。撒上更多的糖。按基本食譜的烘烤和上果膠。

■ **鴨梨塔**　採用結實、成熟的鴨梨，按照前述蘋果塔方式製作。

■ **新鮮草莓塔**　將完全預烤好的 8 至 9 吋的派皮刷上溫熱的紅醋栗果膠（見 141 頁邊欄）。排放 1 夸特新鮮的草莓在派皮內，並且薄薄地刷上一層果膠。上桌時佐以打發的鮮奶油。

■ **卡士達奶油和草莓**　用果膠刷過派皮的底部後，鋪上一層不高於 1/4 吋的卡士達奶油派（見 110 頁），然後將草莓排放在上面，就完成了。

■ **其他的建議**　除了草莓之外，還可以用覆盆子、藍莓或是混合莓果，包括了切半的無子葡萄和碎核果，或是切片的新鮮或罐裝水蜜桃，杏桃、鴨梨、熟無花果。這是讓你發揮創意的好機會。

著名的翻轉蘋果塔
The Famous Upside-Down Apple Tarte Tatin

6 人份。準備好可放入烤箱的 9 吋平底鍋，和 1/3 至 1/2 份的冷卻派皮麵團（見 126 頁）。將烤架放入烤箱下層，並預熱至 425 ℉（約 218℃）。

將 6 顆蘋果去皮、切半、去子後，切成四瓣，和 1 顆檸檬的汁和碎皮，以及 1/2 杯糖拌在一起。醃漬 20 分鐘後，瀝乾。

將 6 大匙無鹽牛油放入大火上的煎鍋加熱，拌入 1 杯的糖，煮至糖化、冒泡、開始焦糖化。

離火，在焦糖上排上一層的蘋果片，然後將其餘的蘋果有致的排放在上面。

將鍋子放回火上，用中高火加熱25分鐘。煮10分鐘之後，加蓋，並且每幾分鐘就在蘋果上加壓，讓它們可以浸潤在流出的汁液內。等到液體變得濃稠如糖漿時，離火。

將冷卻的麵團擀成圓形，³/₁₆ 吋（約 0.5 公分）厚，並且要比烤盤的上緣大 1 吋。覆蓋在蘋果上，將麵團的邊緣壓入烤盤和蘋果之間，在上面劃出四個蒸氣口。烤約 20 分鐘，直到派皮呈現金黃色且酥脆。

脫模放入盤中，熱食、溫食或是冷食皆可，佐以打發的鮮奶油、酸奶或是香草冰淇淋。

蛋糕和餅乾

「當你掌控了數種糖霜和夾層的做法後，烤蛋糕不過是組合的工作而已。」

你可以在許多的食譜中看得到標準的蛋糕和餅乾的食譜，包括不少我的食譜。我在這裡只介紹幾個我的最愛，花點時間說明基本的做法，例如如何打發蛋白、準備蛋糕烤模、量麵粉、融化巧克力。與其提供兩個一般性的蛋糕配方，我專注於能適用於多層蛋糕、小蛋糕、蛋糕捲、杯子蛋糕等的多功能蛋糕體。在電動攪拌器發明之前，這些製作起來都非常地困難，因為它的基礎是用全蛋和糖打到濃稠的乳狀——手動非常地艱苦，但是用手提式攪拌器就簡單多了；如果有現代化的攪拌器那就更輕鬆了。我還收錄了經典的杏仁蛋糕、核桃蛋糕、我最愛的巧克力蛋糕，以及普遍受歡迎的達克瓦茲核果蛋白餅。當你能掌控數個蛋糕配方和夾層的點子時，你將會發現烤蛋糕不過是組合的工作罷了——每次都可以不同的方式組合。另外，也請了解我們只放了一個餅乾食譜，因為空間不夠了！

蛋糕
CAKES

基本食譜

海綿蛋糕
Génoise Cake

製作約 6 杯的蛋糕糊

可烤成一個 9×1 ½ 吋（約 23×3.8 公分）的蛋糕，或是一個 8×2 吋（約 20×5 公分）的蛋糕（足以烤出 16 杯量的蛋糕，或是 12×16 吋的海綿蛋糕片）

◆½ 杯又 ⅓ 杯的蛋糕粉（過篩，刮平杯口，見 127 頁邊欄）

◆1 大匙又 ½ 杯糖

◆¼ 茶匙鹽

◆¼ 杯溫熱的淨化奶油（見 59 頁邊欄）

◆4 顆大型的蛋

◆1 茶匙香草精

將烤箱預熱至 350 °F（約 177℃），烤架放在中下層，並且準備好烤模（見邊欄）。篩過麵粉和 1 大匙的糖和鹽，並將淨化奶油放在 2 夸特的碗中。將蛋打入碗中，加入剩餘的糖和香草精，直到見到帶狀形成。立刻快速地拌入 ¼ 過篩的麵粉，然後是一半的剩餘麵粉，最後將所有的麵粉拌入。將蛋糕糊拌入淨化奶油中，然後再將拌過的糊倒回剩餘的麵糊中。將麵糊倒入準備好的烤模中，要距離烤模邊緣 ¼ 吋（約 0.6 公分）。在工作檯上輕敲，以排除糊中的氣泡，烤 30 至 35 分鐘，直到膨起、略微上色，並且在邊緣顯示出與烤模略微分開。放涼 20 分鐘後，再脫模放在架上冷卻。在夾層與抹上鏡面膠之前須完全放涼。

變　　　化

▌**食用建議：糖霜巧克力夾層蛋糕**　準備雙份 102 頁上的義大利蛋白霜，然後一半用巧克力調味。用一把鋸齒長刀將海綿蛋糕橫切成兩半。將下半層放在架上，然後將上半層翻過來。在兩半的切面上都撒上吸收了藍姆味道的糖漿（見 139 頁邊欄），然後將巧克力蛋白霜抹在下半層上。再將上半層放回去，用剩餘的義大利蛋白霜抹在蛋糕上面。上桌前，撒上磨碎的巧克力。

▌**杯子蛋糕**　採用前述的海綿蛋糕糊，按照 136 頁上的杏仁杯子蛋糕的做法。那是我搭配水果甜點和茶的最佳食譜之一。

▌**蛋糕捲**　烤箱預熱至 375 °F（約 191℃），將烤架放在中下層。在 11×17 吋（約 28×43 公分）的蛋糕捲烤模內抹油，鋪上一層蠟紙，在四周要多出 2 吋。在蠟紙貼近烤模的位置要抹油。把麵糊倒入烤模中，填滿內部，並且敲打排出空氣。抹開海綿

攪拌

將蛋白或是麵粉或是打發的鮮奶油或任何東西，混合入另一樣如蛋糕糊內的動作，是製作舒芙蕾或是蛋糕的基本技法。你必須在不影響另一樣東西的膨脹度的情況下，將另一種東西混入。做法是將一把如大型的橡皮刮刀插入混合液的中央，然後拖到碗的邊緣，然後快速地拉至表面，讓在底部的材料迅速地浮在表面上。略微轉動碗，繼續快速而且溫和地拌入，直到所有的材料都攪拌均勻，但是不要攪拌過度，會導致塌陷。

蛋糕糊，烤 10 分鐘，直到蛋糕略微上色，上面觸感有點彈性為止。從烤箱中取出。以下的步驟可以避免蛋糕裂開。從蛋糕的四邊切掉 1/4 吋（約 0.6 公分）。撒上糖霜。用一張蠟紙和略濕的毛巾蓋住蛋糕。在上面放上一個烤盤，然後翻轉過來，拿起蛋糕捲烤模。然後非常小心地，將蠟紙剝除。在蛋糕上篩上 1/8 吋（約 0.3 公分）的糖霜，然後在濕毛巾中把它捲起來，可以冷藏 1 至 2 天。如果冷凍的話，捲開之前要確定完全解凍。

食用建議 杏桃蛋糕捲。將蛋糕攤平，撒上吸取味道的糖漿（見 139 頁邊欄），抹上杏桃夾層（見 141 頁），然後用蛋白奶油糖霜（見 140 頁）抹在上面。

日內瓦杏仁蛋糕
The Genoa Almond Cake—Pain de Genes

這是很特別的杏仁蛋糕。適用 9×1 1/2 吋（約 23×4 公分）、6 杯量的圓形烤模。將烤箱預熱至 350 °F（約 177℃），準備好蛋糕烤模（見 135 頁邊欄）。量好 1/3 杯的中筋麵粉，放入篩子中。準備好 3/4 杯去皮、磨碎的杏仁碎粒（見 143 頁邊欄），並且將 1 條無鹽牛油在調和碗中打到鬆軟。將 3 顆大型的蛋和 3/4 杯糖、2 茶匙香草精和 1/4 茶匙杏仁精打到成帶狀。拌入 3 匙的蛋糖（見 138 頁邊欄）混合體進入糊化的牛油中。交替地拌入麵粉和杏仁碎粒，直到幾乎完全吸收，再一匙匙地拌入牛油。倒入抹過油的烤模中，在工作檯面上輕敲，放在烤箱的中層烤約 30 分鐘，脫模前，先放涼 20 分鐘。待涼後，可以直接撒上糖霜食用，或是橫切然後填入類似 103 頁上的白蘭地奶油夾層（見 141 頁），或是在上面抹上皇家糖霜（見 141 頁邊欄）。

變　　化

▌杏仁杯子蛋糕　用 1/3 杯的瑪芬模可烤出 10 個蛋糕。為了脫

模方便，先用 2 大匙麵粉和 2 大匙淨化奶油製成的糊抹在烤模內。將蛋糕糊倒入烤模中，放入預熱至 350 ℉（約 177℃）的烤箱中烤 15 分鐘，或是直到膨起，略微上色。放涼 15 分鐘再脫模。待涼後，上面可撒上糖粉或白色糖霜（見 141 頁邊欄）。

核桃夾層蛋糕
Le Brantôme—a Walnut Layer Cake

又一個有堅果的蛋糕。兩個 9 吋的蛋糕疊放在一起，10 至 14 人份。將烤箱預熱至 350 ℉（約 177℃），準備好蛋糕烤模，打碎 1 杯的核桃肉。將 1 ½ 杯的中筋麵粉和 2 茶匙的泡打粉一起過篩。將 1 ½ 杯的冷動物性鮮奶油打發，加入 2 茶匙的香草精和 ⅛ 茶匙的鹽。最後，將 3 大顆蛋和 1 ½ 杯糖打在一起，慢慢地拌入 ⅔ 的麵粉，舀起上面打發的鮮奶油，然後和一點核桃肉和剩餘的麵粉拌下去。將蛋糕糊倒入烤模中，在烤箱中層烤 25 分鐘。脫模前要先冷卻 10 分鐘。等到完全涼透後，如下所述地抹上夾層並且淋上糖霜。

夾層核桃糖霜蛋糕。將其中一塊核桃蛋糕放在托盤上圓形的架子上，然後在上面抹上至少 ¼ 吋厚的夾層，例如 103 頁的白蘭地牛油。將第二塊蛋糕上下顛倒地覆蓋在上面，然後用溫熱的杏桃果膠（見 141 頁邊欄）抹在上面和旁邊。當果膠仍溫熱時，將切碎的核桃刷上蛋糕邊，然後移到盤子上。在蛋糕上面淋上薄薄一層的皇家糖霜，可以視喜好用對半切的核桃裝飾。

希巴女王巧克力杏仁蛋糕
La Reine de Saba—the Queen of Sheba Chocolate Almond Cake

這是我最喜歡的巧克力蛋糕。8×1 ½ 吋（約 20×4 公分）的蛋糕，6 至 8 人份。將烤箱預熱至 350 ℉，將烤架放在中下層，準備好烤模。量好 ½ 杯過篩的蛋糕粉，和 ⅓ 杯的碎杏仁（見

143 頁邊欄）。用電動攪拌器，將一條無鹽牛油和 ½ 杯的糖打成糊狀，等到膨鬆時，一顆顆地加入 3 顆蛋黃。在此同時，用 2 大匙的藍姆酒或是濃咖啡（見 140 頁邊欄）融化 3 盎司的半甜巧克力和 1 盎司的純苦巧克力，然後在溫熱的巧克力中拌入蛋黃。將 3 顆蛋白打發成堅挺的峰狀，然後將 ¼ 拌入蛋黃中。快速而且溫柔地將其餘的蛋白和碎杏仁以及篩過的麵粉交替拌入。立刻倒入準備好的烤模內，烤 25 分鐘左右，直到蛋糕膨起超出烤模，但是中間在搖動的時候仍會晃動。

脫模前須先放涼 15 分鐘。這種巧克力蛋糕在室溫時候最好吃。撒上糖粉或是淋上軟巧克力糖霜（見 141 頁）即可食用。

完美打發的蛋白

電動攪拌器 不管你用的是立式或是手提式的攪拌器，都要用圓底的玻璃、不鏽鋼或是一體成型的銅碗，要大到足以容納攪拌棒，這樣全部的液體都能持續地被打到。這對於打發蛋白，還有打全蛋加糖是個重要關鍵。（如果你對烹飪認真的話，絕對不會後悔投資一台專業的重型攪拌器。確實昂貴，但是真的能發揮功用，而且夠你用一輩子。）

準備好攪拌棒和碗 要確保攪拌棒和碗完全沒有任何的油，倒入 1 大匙醋和 1 茶匙鹽在碗中，然後用紙巾擦拭乾淨。不要用水沖，因為殘留的醋有助於蛋白的穩定性。要確保蛋白中沒有一絲蛋黃。

打發 如果蛋是冷的，放在一碗熱水中一分鐘，以迅速地回到室溫。快速地打 2 至 3 秒，把蛋打散，然後開始慢慢打，逐漸加快速度。

如果你的攪拌器威力強大的話，要很注意不要打過頭。當舉起攪拌棒時，附著在攪拌棒上的蛋白會形成堅挺、閃亮的、頂端略微彎曲的峰狀時，就完成了。

打發全蛋和糖至呈「帶狀」 攪拌器／碗的大小、無油器材、用熱水將蛋升到室溫的原則都相同。打 4 至 5 分鐘，直到濃稠而且淡黃色，並且在從攪拌棒上流回碗中時，會在表面形成一條慢慢消失的寬帶狀。

蛋白霜核果夾層蛋糕
Meringue-Nut Layer Cakes—Dacquoise

比傳統的蛋糕要容易製作，而且也非常受到客人的喜歡。3 層、4×16 吋（約 10×40 公分）大小，⅜ 吋（約 1 公分）厚。將烤箱預熱至 250 ℉，然後將烤架放在上層和下層。在兩張烤盤上抹油，撒上麵粉，抖掉多餘的麵粉，然後在上面標出 3 個

4×16 吋的長方形。打碎 1¼ 杯的烤杏仁或是榛果（要確認新鮮度）並和 1½ 杯的糖打在一起，備用。將 ¾ 杯（5 至 6 個）蛋白和一大撮的鹽和 ¼ 茶匙的塔塔粉打到形成柔峰狀，繼續打，然後加入 1 大匙的香草精和 ¼ 茶匙的杏仁精、再撒入 3 大匙的糖。打成堅挺、閃亮的峰狀。（這就是能烤成個別的蛋白脆餅的瑞士蛋白霜）。大把地撒上碎核果和糖，並且快速地拌入。利用擠花袋填滿烤盤上的三個長方形。立刻放入烤箱，約烤 1 小時，每二十分鐘就上下層交換。應該只會微微上色，等到可以從烤盤上脫離時，就完成了。如果無法在數小時內食用，就緊緊包起，放入冷凍儲藏。

食用建議

▌**巧克力榛果達克瓦茲**　用鋸齒刀將蛋白霜的邊緣修整齊，在每片上面刷上杏桃果膠（見 141 頁邊欄）。加入巧克力甘那許（見 141 頁）或是巧克力蛋白霜夾層（見 140 頁），並且在蛋糕的周圍也抹上。在蛋糕的周圍刷上碎堅果，在上面撒上一層裝飾性的碎巧克力。可以覆蓋、冷藏數小時，以軟化蛋白霜同時固定夾層，但是食用前要回復室溫。

打發鮮奶油

約 2 杯濕性打發的鮮奶油，亦即香緹（créme Chantilly）。將 1 杯冷藏的鮮奶油倒入放在一大碗冰和水上的金屬碗中。盡可能地打入空氣，可以大動作快速地插入、在碗中轉動，或是用力地搖動手提式的電動攪拌器。要數分鐘後鮮奶油才會變得濃稠。等到攪拌棒會在表面留下輕微的痕跡，拉起時能柔和地維持住形狀就好了。

糖漿

約製成 1 杯，足夠用在 3 層蛋糕。將 ⅓ 杯的熱水攪入 ¼ 杯的糖內，待融解後再攪入 ½ 杯的冷水，和 3 至 4 大匙的淡色蘭姆酒、柑橘利口酒或是甘邑，或是 1 大匙的香草精。在每層蛋糕鋪上夾層之前，先淋上糖漿。

煮糖製作糖漿和焦糖

比例永遠是 ⅓ 杯水，配上 1 杯砂糖。

單純糖漿　例如蛋糕夾層內用的糖漿。在火上攪拌直到糖完全融化。

牽絲階段　使用在牛油鮮奶油和義大利蛋白霜上。等糖完全溶解後，將鍋子緊緊蓋上，然後用大火滾煮——絕對不要攪拌——直到可以用金屬湯匙取出一點，然後在滴入一杯冷水時的最後一滴會形成一條線。

焦糖　繼續煮直到泡泡變得濃稠，打開鍋蓋，握住把手慢慢搖動鍋子，然後滾煮直到糖漿變成焦糖色。立刻倒入另一個鍋內，以停止加熱。

清理鍋子和湯匙　將鍋中裝滿水，放入工具，滾煮數分鐘以融化糖漿。

夾層與糖霜
FILLINGS AND FROSTINGS

這是另一個龐大的主題，我不過是提到基本而已。以蛋黃為基礎、美妙但難以捉摸的奶油霜，是傳統糕餅的標準糖霜和夾層。但是現代，在需要巧克力的狀況下，卻已然被只用融化巧克力和鮮奶油即可製作、一樣美味但是簡單多了的甘那許所取代了。再說一次，你可以在其他的食譜書，包括我的食譜書中找到這些傳統的做法。

義大利蛋白霜
Italian Meringue

可以當作糖霜、夾層甚至搭配的食材。足以塗抹 9 吋蛋糕。將 ⅔ 杯（4 至 5 顆）的蛋白和 ¼ 茶匙的塔塔粉和一小撮鹽打至濕性打發狀態（見 138 頁邊欄）。將機器的速度減緩。在此同時，將 1 ½ 杯糖和 ½ 水煮到牽絲。用中速打蛋，慢慢地滴入熱糖漿。將速度加至中高速，繼續打到蛋白霜成硬性發泡狀態。

變 化

▍蛋白奶油霜夾層　適用於 9 吋蛋糕。將一條無鹽牛油打到蓬鬆狀態，然後拌入 1 至 1 ½ 杯的義大利蛋白霜。用 1 茶匙的淡色蘭姆酒或是柑橘利口酒，或是 2 茶匙的香草精調味。

▍巧克力蛋白霜夾層　適用於 9 吋蛋糕。在前述的蛋白奶油霜內拌入 4 盎司、微溫、完全融化的半甜巧克力，用 2 大匙黑蘭姆酒調味。

▍蛋白霜夾層　適用於 9 吋蛋糕。將 1 杯義大利蛋白霜和 1 杯濕性打發的鮮奶油（見 139 頁邊欄）拌在一起，按奶油霜的建議調味。

巧克力甘那許
Chocolate Ganache

適用於 9 吋（約 23 公分）蛋糕。在 1 ½ 夸特的鍋中將 1 杯動物性鮮奶油煮滾。將火調小，拌入 8 盎司、剝碎的半甜巧克力。快速地攪拌直到巧克力完全融化，即可離火。冷卻時就會變稠。

軟巧克力糖霜
Soft Chocolate Icing

適用於 8 吋（約 20 公分）蛋糕。融化 2 盎司的半甜巧克力和 1 盎司的苦巧克力，一小撮鹽和 1 ½ 大匙的蘭姆酒或是濃咖啡。等到平滑而且發亮的時候，一匙匙地打入 6 大匙的軟化無鹽牛油。放在冷水中攪拌，直冷卻至可以澆淋的稠度。

白蘭地奶油夾層
Brandy-Butter Cake Filling

適用於 9 吋的蛋糕。在中火上打 1 顆蛋、3 大匙甘邑、2 大匙無鹽牛油，½ 大匙玉米粉和 1 杯糖。小火滾煮 2 至 3 分鐘以煮熟玉米粉，離火，打入 2 至 4 大匙的牛油。夾層在冷卻的過程中會變稠。

杏桃夾層
Apricot Filling

適用於 9 吋、三層的蛋糕。將三罐未去皮、17 盎司（約 480 克）的杏桃罐頭過篩，將濾出汁液倒入鍋中。杏桃瀝乾後，切塊備用。將 3 大匙無鹽牛油、½ 茶匙肉桂粉、⅓ 杯糖和一顆檸檬的碎皮和過濾汁液一起煮沸。待變成如糖漿時，拌入切塊的杏桃，滾煮數分鐘，攪拌直到能夠在湯匙中不散開。

蛋糕和塔上的水果果膠
杏桃果膠。過濾 1 杯杏桃醬，混入 3 大匙糖，視喜好可再混入 3 大匙的黑蘭姆酒，滾煮至汁液變濃稠、黏膩狀。溫熱時使用。

紅醋栗果膠。以相同的手法製作，採用 1 ¼ 杯不過篩的紅醋栗果醬和 2 大匙的糖。

皇家糖霜——用於蛋糕和餅乾上的白糖霜
用手提式的電動攪拌器，在一個小碗中，打勻 1 顆蛋、¼ 茶匙檸檬汁和 1 杯過篩的糖粉。打入 1 茶匙香草精，然後慢慢地加入 1 杯或更多的糖粉，直到變成滑順、濃稠、能夠立起的白糊。這需要打發數分鐘。如果不立刻使用，可以用微濕的毛巾覆蓋。

餅乾
COOKIES

我們只提供一種餅乾食譜！但卻是最有用的餅乾，因為不但可以當餅乾，也可以當作造形甜點的底，還可以將麵糊變成一個甜的容器。一次多做一些，因為冷凍後一樣地完美。

貓舌頭餅乾──手指甜餅
Cat' s Tongues — Langues de Chat

可製成約 30 個 4×1 ¼ 吋（約 10×3 公分）的餅乾。將烤箱預熱至 425 °F（約 218℃），將烤架放在上層和中下層。在 2 張或更多張烤盤上抹油、撒粉，然後在擠花袋內放一個 ⅜ 吋（約 1 公分）的擠花器。在一個小碗中迅速地將 2 大顆蛋白打發（見 138 頁邊欄），備用。用手提式的電動攪拌器，將 ½ 條無鹽牛油在另一個碗中，和 ⅓ 杯糖還有一顆檸檬的碎皮，打成糊狀。等柔軟蓬鬆時，用橡皮刀一次 ½ 匙快速地拌入蛋白。不要攪拌過度。保持混合液的蓬鬆狀態。

然後，小心但是大把地拌入 ⅓ 杯的中筋麵粉。將麵糊倒入擠花袋中，在烤盤上每隔 3 吋擠出一條 4×½ 吋的形狀。每次烤兩盤，須烤 6 至 8 分鐘，直到每片餅乾的周圍有 ⅛ 吋上色。立刻從烤箱中取出，然後用有彈性的刮刀將餅乾取下，放到架子上。冷卻後會變脆。

變　　化

█ **餅乾杯**　製作出迷人、可食用的容器。製作 8 個直徑 3 ½ 吋（約 9 公分）的杯子。將烤箱預熱至 425 °F（約 218℃），將烤架放在上層和中下層。薄薄地在兩個大茶杯的外面抹油（或

是開口外斜的碗或是玻璃罐）然後倒過來。在兩張烤盤上抹油撒粉，然後標出四個直徑 5 ½ 吋的圓圈，須間隔 2 吋。準備好餅乾麵糊，然後在每個圓圈中央放一團麵糊。先製作一張烤盤即可，用湯匙的背面將麵糊抹成 1/16 吋的厚度。約烤 5 分鐘，直到餅乾上色幾乎到達中央 1 吋的位置。將烤盤架在敞開的烤箱門上。快速地用彈性刮刀取下餅乾，將它放在顛倒的杯子上，然後壓成杯子的形狀。餅乾幾乎會立刻變得酥脆。進行第二片餅乾時，將第一片餅乾取下放到冷卻架子上，然後迅速地進行第三片、接著第四片。關上烤箱門，讓溫度重新升到 425 °F（約218°C），再繼續進行第二張烤盤。（在密封的容器中，餅乾可維持 1 至 2 天，或者也可以冷凍。）

食用建議　在餅乾杯中裝入冰淇淋、雪酪、新鮮莓果或是甜點慕絲。

▌**瓦片餅乾**　這些餅乾像屋瓦一樣地彎曲，而不是平的。在擀麵棍或是瓶子上塑形，弄成圓弧狀。或是裹在木湯匙柄上，形成圓筒狀，或是塑造成號角狀，裡面放入甜的覆盆子慕斯。

▌**另一個碎核果配方：杏仁或榛果瓦片**　採用貓舌頭餅乾相同的配方，但是在牛油糊中拌入 1 杯烤過、磨碎的榛果或杏仁，還有 2 大匙的動物性鮮奶油。然後繼續加入蛋白，以及最後的麵粉。

如何打碎杏仁和其他核果

每次 ½ 杯，利用果汁機快速地開、關打碎，或者用食物調理機，每次最多可以打 ¾ 杯。一定要加至少 1 大匙的砂糖，以免核果變油。

後記：比司吉
P.S. BISCUITS

我把比司吉給忘了！一本食譜不管有多薄，都不能少掉採用泡打粉製作的正確比司吉食譜，少了比司吉，也就做不出正確的草莓酥餅。這是本書在最後三校之前，大衛．納斯鮑姆和我在

茱蒂絲・瓊絲的東北王國佛蒙特廚房研究出來的。

泡打粉比司吉
Baking-Powder Biscuits

每次聊到比司吉，我就會想到紐奧良杜奇契思餐廳的老闆兼主廚李雅・契思（Leah Chase），以及她為我們電視節目「廚藝大師」烤的比司吉。那是我記憶中吃過最柔軟、膨鬆和美味的比司吉。柔軟比司吉的關鍵就在於以輕柔、快速的手法製作，這樣子就盡可能地不讓麵粉起筋。麵粉本身也很重要。南方人採用低筋的麵粉製作他們著名的比司吉，要接近相同的成分，可以部分採用中筋麵粉，部分採用蛋糕粉。

可製作約一打 2½ 吋比司吉，用 425 °F（約 218℃）烘烤。預熱烤箱。準備好一張烤盤，用烘焙紙覆蓋或是抹油撒粉，以及一個 2½ 吋的餅乾模。

在大碗中，量入 1½ 杯未經漂白的中筋麵粉，和 ½ 杯蛋糕粉；或者是用 2 杯派粉，再加上 1⅔ 大匙新鮮、沒有結塊的泡打粉，¾ 茶匙鹽、1 大匙糖。攪拌均勻，然後用揉麵機或是兩把刀，迅速地將 ¾ 杯白油拌入，直到麵粉呈現豌豆狀的顆粒。用木匙或是雙手，輕柔、快速但是大把地拌入 1 杯牛奶，製作出粗糙、略帶黏性的麵團。在這個階段不要試圖將麵團弄平滑。

將麵團放在撒過粉的工作檯面上，挑起麵團的遠的一邊，摺向近邊，輕拍成一個大圓圈，視情況撒上更多的麵粉，然後將左邊摺向右邊，然後右邊摺向左邊，總共摺六次。最後將麵團攤開，盡可能地拍成約 ¾ 吋（1.9 公分）厚的扁平長方形。

用餅乾模切出比司吉的圓形，然後靠近但不碰觸到彼此地放在烤盤上。輕柔地聚攏台上殘餘的麵團，像先前那樣摺 2 至 3 遍，再拍成長方形，再切出比司吉，放在烤盤上，如此繼續直到用

完所有的麵團。最後，用手指頭推擠比司吉的邊緣，讓它變得較為膨鬆。放在預熱烤箱內的中間或中下層，烤 15 至 20 分鐘，或直到完全烤熟，略微上色。

溫熱或室溫食用。（如果有剩，最好是冷凍起來，然後自冷凍庫取出後數分鐘，放入 350 °F〔約 177℃〕的烤箱內。）

| 變　　　　化 |

▌草莓酥餅　在麵團中加入 2 大匙的糖，而不只是 1 大匙，你可能會喜歡放在一個大蛋糕模中，形成一個 1 吋（約 2.5 公分）高的蛋糕。計畫每份約需 2 杯新鮮、成熟的草莓。留一顆漂亮的大草莓當裝飾，其餘的切半或切瓣，放入碗中加入數滴新鮮的檸檬汁，每夸特的草莓就要放入 1 匙左右的糖。靜置 10 分鐘左右，讓草莓出水。視需要，可以加入更多的檸檬汁和糖，再拌一拌。等到甜點的時間，將比司吉，或是一大塊蛋糕，橫切成半，將草莓和汁液淋在下半塊上，放回上半塊，上面再大方地放上一大匙打發的甜味鮮奶油，將保留的草莓放在中央，就可以驕傲地上桌了。可以另外準備更多的打發鮮奶油備用。

泡打粉
開罐後約六個月就會失效，所以使用前一定要將 1 茶匙的泡打粉放入 1/2 杯的熱水中測試一下。如果沒有很活躍地起泡泡，就可以扔掉了。使用泡打粉之前，要先將結塊壓碎。

甜鮮奶油
製作 2 杯，打發 1 杯動物性鮮奶油和鮮奶油。上桌前，過篩、用橡皮刮刀拌入 1/2 杯的糖粉，視喜好可加入 1/2 茶匙的香草精。

廚房器材與定義

KITCHEN EQUIPMENT
AND DEFINITIONS

廚房器材
KITCHEN EQUIPMENT

橢圓形砂鍋
Oval Casseroles

橢圓形砂鍋比圓形要來得實用，因為可
以放入一整隻雞或是大塊烤肉，也可用
來燉或煮湯。好的組合應該包括一支 2
夸特（約 2 公升）容量，約 6×8 吋（約

15×20 公分）、3 ½ 吋（約 9 公分）高，還有一個 7 至 8 夸特，約 9×12 吋（約
23×30 公分）、6 吋（約 15 公分）高的鍋子。

烤盤
Baking Dishes

圓形和橢圓形的烤盤可以用來烤
雞、鴨或是肉，也可以當作焗烤盤
使用。

湯鍋
Saucepans

各種不同尺寸的湯鍋是不可少
的。有一支金屬握把的湯鍋，就
可以直接放入烤箱中。

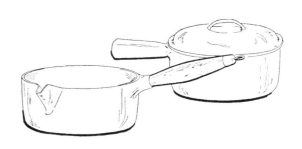

平底鍋和煎鍋
Chef's Skillet and Sauté Pan

煎鍋有略微傾斜的鍋邊,適用於
上色和翻炒小尺寸食材,如蘑菇
或雞肝等。煎鍋的長柄很容易就
將食物拋起,不需要去翻動。平
底鍋的邊是垂直的,用來煎小牛
排、肝或是小牛肉片,或是必須
先上色然後加蓋完成烹調的雞肉。

▊除了常見的各式鍋子、烤爐、刨刀、湯匙和刮刀之外,以下是一些能讓烹調工作
進行得更順利的工具:

刀和磨刀棒
Knives and Sharpening Steel

一把刀可以鋒利如剃刀,或是根本無法切割、剁,只能弄爛、弄傷食物而已。如果
單憑刀本身的重量,就足以劃破番茄的皮的話,那就是把夠鋒利的刀。沒有一把刀
能夠長久的維持它的鋒利度。關鍵在於要很快地開刃。鋼刀最容易磨利,但是變色
是個讓人討厭的問題。廚具用品和刀店中,買得到好的不鏽鋼刀,測試品質的最佳
方式,是買一把小刀試用。圖中的法式主廚刀(chef's knives)是一般用途中最好用
的刀具了,可以用來切、剁碎和片肉。如果買不到好刀具,可以請教你的肉販,或
是受過專業訓練的廚師。

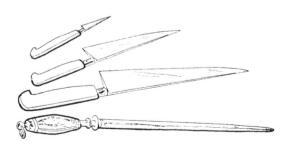

刀子使用完畢後,應該立刻一一地
手洗。生鏽的刀刃,用鋼絨菜瓜布
和去汙粉就可以輕易地清理乾淨。
在牆上釘個磁性置物架,可以隨手
就拿得到刀,並且也可以和其他會
讓刀變鈍、缺角的物品隔離。

木抹刀與橡皮刮刀
Wooden Spatulas and Rubber Scrapers

用木抹刀攪拌要比用木湯匙來得實用，它
那平坦的表面能輕易地刮過鍋或碗
的內側。通常可以在專門進口法
國物品的商店中找到木抹刀。
橡皮刮刀幾乎到處都買得到，是
把醬汁從碗和鍋中刮出、攪動、拌合、乳化和塗抹，不可少的用具。

鋼絲打蛋器
Wire Whips or Whisks

鋼絲打蛋器用來打蛋、醬汁、罐頭湯和一
般性的攪拌實在是太棒了。這比旋轉的打
蛋器好用，因為只需要一隻手就可操作。
打蛋器尺寸從纖小到很大都有，餐具用品
店提供最好的選項。你應該有數個不同的
尺寸，包括最左邊用來打發蛋白的瓜型打
蛋器。

球型滴管和廚房剪刀
Bulb Baster and Poultry Shears

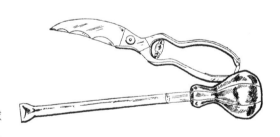

球型滴管在幫砂鍋中的肉或是蔬菜淋汁、
除油的時候，尤其好用。有些塑膠製的球
形滴管在碰到熱油時就軟化了，有金屬口
的比較讓人滿意。在分解全雞的時候，廚房用剪刀助益良多，鋼剪比不鏽鋼剪來得
好，因為可以更快速地磨利。

磨菜器和蒜泥器
The Vegetable Mill (or Food Mill) and Garlic Press

磨菜器和蒜泥器是兩個偉大的發明。磨菜器能將湯、醬汁、蔬菜、水果、生魚或是慕絲快速的磨成泥。最好的磨菜器有三個直徑約 5 ½ 吋、可替換的刀刃，可適用於粗磨、中磨和細磨不同的需求。蒜泥器可以將一瓣完整、未去皮的大蒜或是切成塊的洋蔥壓成泥。

食物調理機
The Food Processor

這個美妙的機器在七〇年代中進入我們的廚房。調理機開創了烹飪革命，讓某些極度複雜的高級菜餚變成簡單的遊戲——短短幾分鐘就能做出慕絲。除了各種快速的切片、磨泥等功能之外，調理機能做出很棒的派皮、美奶滋和許多發酵麵團。任何一個認真的廚師都少不了它，尤其是合理的預算就能買到相當不錯的機型。

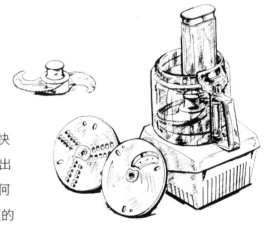

杵與臼
Mortar and Pestle

小型木製或陶製的杵與臼在磨碎香草、搗核果等時非常地實用。大型的杵與臼是用大理石製成，可以用來將貝類、肉類搗成泥。電動的果汁機、絞肉機還有磨食機在許多時候已經取代了杵與臼。

重型電動攪拌機
Heavy—Duty Electric Mixer

1. 打蛋攪拌棒

2. 揉麵勾

3. 平板攪拌棒，攪拌厚重麵糊、絞肉等。

一個重型的電動攪拌機，讓沉重的攪拌肉、水果蛋糕糊還有發酵麵團等工作變輕鬆了，同時也可以不費力地將蛋白打得很漂亮。有效率的攪拌棒不但會自轉，還能在設計良好的碗中轉繞，讓全部的蛋白無時不刻地都在打發中。另外一個好用的附加物件就是一個附有灌香腸口的絞肉功能，以及連結在不鏽鋼碗下方的熱水口。很昂貴，但是結構非常地扎實，是任何大量烹飪者一輩子的輔助工具。

定義
DEFINITIONS

刷（BASTE, arroser）：將融化的牛油、脂肪或液體刷在食物上。

打（BEAT, fouetter）：用湯匙、叉子或打蛋器或電動攪拌器，徹底而且快速地混合。在打的時候，要訓練使用下臂和手腕的肌肉，如果用上臂的肌肉，很容易就會疲倦了。

燙（BLANCH, blanchir）：將食物迅速地放入滾水中，煮到變軟、凋萎或是部分或完全煮熟。燙也能去除食材過度強烈的味道，例如包心菜或是洋蔥，或者是培根的鹹、煙燻味。

混合（BLEND, mélanger）：用比打更緩和的力道將食材拌在一起，通常是用叉子、湯匙或是抹刀。

滾（BOIL, boullir）：當液體開始翻騰、冒泡的時候就滾了。但是實際上，有小火慢滾、中滾和大滾。小火慢滾是當液體除了在某一點冒泡之外，幾乎不動的狀態。更柔和的狀態是連泡都沒有，只有液體表面一點浮動，用來白煮魚或是其他細緻的食材。

燜、燴（BRAISE, brasier）：用油脂將食材上色，然後在加蓋的砂鍋內，用很少的液體去烹調。通常運用在以牛油在加蓋沙鍋中烹調蔬菜。

包裹湯匙（COAT A SPOON, napper la cuillére）：這通常用來顯示醬汁的濃稠度，因為似乎是唯一適當的形容詞。當將湯匙浸入奶油濃湯抽出後，上面會覆蓋著一層薄薄的濃湯。浸入要覆蓋住食材的醬汁時，湯匙上應該包裹著相當厚的一層醬。

去渣（DEGLAZE, déglacer）：在烤過、煎過肉後，鍋子經過去油後，將液體倒入，然後所有滋味豐富的凝渣汁液，都刮下來一起滾煮。在製作最簡單到最複雜、所有的肉汁醬時，這都是個很重要的步驟，因為凝渣將成為醬汁的一部分，裡面蘊藏著肉最豐富的滋味。也因此，肉汁醬和肉是最合理的搭配。

去油（DEGREASE, dégrassier）：從熱騰騰液體的表面去除累積的油脂。

醬汁、湯和高湯（Sauces, Soups, and Stocks）：從滾燙的醬汁、湯或是高湯的表面上，去除累積油脂，要用一個長柄的湯匙從表面劃過，薄薄地撈起一層油脂。在這個階段不需要移除所有油脂。

等到完成烹調後，移除所有的油脂。如果液體仍舊很燙，靜置5分鐘，讓油浮到表面。然後用湯匙舀出，可以將鍋子或壺傾向一側，讓較沉重的油脂堆在一側，比較容易移除。當已盡可能地舀出後（這絕對不是個快速的過程），將撕成條狀的廚房紙巾從表面拖過，直到浮在表面的油圈全部被吸掉。

當然，比較簡單的方式是讓液體冷卻，然後就可以刮除表面的凝結脂肪。

燒烤（Roasts）：想要在肉仍在烤的時候，除去烤盤中的油脂，可以將烤盤略微傾斜，然後舀出流向角落的脂肪。可以用球型滴管或是大湯匙。在這個階段沒有絕對的必要除去所有的油脂，只要除去過多的油脂即可。去油的過程應該要很迅速，否則烤箱就會冷掉。如果你花太多的時間去油，就要增加燒烤的時間。

當將肉取出後，傾斜烤盤，然後用湯匙或球型滴管除去聚集在一角的油脂，但是不要除去褐色的汁液，因為那些是要留做醬汁的。通常在烤盤中留下1至2匙的油，這會讓醬汁更為扎實、有滋味。

還有另一種是用於汁液很多的情況下：將一盒冰塊放在鋪了2至3層濕的細綿布的篩子裡，架在鍋子上。將油脂和汁液從冰塊上倒下去，大多數的油脂會聚集和凝結在冰塊上。有些冰塊會融入湯鍋中，快滾收乾汁液就能濃縮味道。

砂鍋（Casseroles）：針對燉菜和其他使用砂鍋的食材，傾斜砂鍋就可以將油脂聚集在一側。用湯匙舀出，或用球型滴管吸出。或是將所有的湯汁都倒入鍋中，將砂鍋蓋上，但留一點縫隙，然後用雙手握住砂鍋，拇指扣住蓋子，倒出全部的液體。然後在鍋中進行去油，再將留下來的醬汁倒回砂鍋中。或者是將所有的熱肉汁倒入去油壺中，讓油浮到表面，然後再倒出所有透明的汁液──去油壺的開口在下方，所以當油脂出現在壺口時就停止。

切丁（DICE, couper en dés）：將食物切成如骰子大小的方塊，通常大約是 ⅛ 吋（約 0.3 公分）大小。

拌合（FOLD, incorporer）：將如打發蛋白之類的脆弱混合體，與如舒芙蕾底較厚重的混合液混在一起時的動作。這在蛋糕的部分有詳細的描述。要拌合，意味著輕柔地混合，不要弄破或是壓扁，例如將煮好的朝鮮薊心或是腦拌入醬汁中。

焗烤（GRATINÉ）：通常是放在上火的下方，讓有醬汁的菜色的表面上色。撒上一些麵包丁或是碎乳酪，一點點牛油，都有助於在醬汁上形成一層淺棕色的表層。

醃漬（MACERATE, macérer）：將食物放在液體中，以吸收味道，或是變軟。漬，通常用在水果上，如糖漬櫻桃。醃，通常用在肉類上，如用紅酒醃肉。醃泡汁是泡菜汁、鹽水或是酒，或是酒或醋、油和調味料的混合。

剁碎（MINCE, hacher）：將食材切得細碎。

包裹（NAP, napper）：將食材用濃稠到足以貼覆，但是卻又柔軟到看得出下面的食材的醬汁覆蓋住。

白煮（POACH, pocher）：將食物放入小滾的液體中煮熟。

打泥（PURÉE, réduire en purée）：將固體食物變成爛泥，例如蘋果泥或是馬鈴薯泥。這可以用杵與臼、絞肉器或是果汁機或是篩網進行。

收汁（REDUCE, réduire）：將液體滾煮，使得分量減少，味道濃縮。這是在製作醬汁中最重要的步驟。

殺青（REFRESH, rafraichir）：將熱食浸入冷水中，以快速冷卻，中止加熱的過程，或是清洗乾淨。

煎炒（SAUTÉ, sauter）：用非常少量、高溫的油來烹調、上色食材，通常是在煎鍋中進行。你可以單純為了上色而煎，例如煎要燉的牛肉。也可以煎到食物完全熟透，例如煎肝片。煎炒是最重要的基本烹調技巧，但是卻往往因為沒有注意到以下幾點，以至於做得不好。

1. 在食材入鍋以前，煎的油必須非常地熱，幾乎到冒煙的狀態，否則就無法封住食材的汁液，也不會上色。煎的媒介可以是脂肪、油或是牛油和油。純牛油無法加熱到煎必須的溫度而不燒焦，所以必須用油或是淨化奶油強化。
2. 食材絕對是要乾的。如果食材表面濕潤，那麼就會在食物和油脂之間形成蒸氣，會阻礙上色和封住汁液的過程。
3. 鍋子不可擁擠。每塊食材之間必須留有足夠的空間，否則就會變成蒸的，而非上色，而肉汁也會流失、燒焦。

拋（TOSS, faire sauter）：除了用湯匙或是抹刀翻轉食物，也可以拋鍋讓食材翻面。經典的範例就是將煎餅拋入空中。同時在烹調蔬菜時，拋也是個很有用的技巧，因為這樣子對食材造成的擠壓會比較少。如果你用加蓋的砂鍋煮食，用雙手握住鍋子，拇指扣住鍋蓋。以上下、略微搖動、環狀運動的方式拋。裡面的食材會翻面，並且改變上下層次。

不加蓋的湯鍋也可以採用相同的手法，用雙手握住把手，拇指朝上。煎鍋用的技巧是前後的滑動。當你要拉向自己的時候，略微地向上抖一下。

茱莉雅的私房廚藝書：一生必學的法式烹飪技巧與經典食譜 / 茱莉雅.柴爾德 (Julia Child), 大衛.納斯鮑姆 (David Nussbaum) 著 ; 王淑玫譯 . -- 初版 . -- 臺北市 : 臺灣商務 , 2013.08

　面；　公分 . -- (Ciel)

譯自 : Julia's kitchen wisdom : essential techniques and recipes from a lifetime of cooking

ISBN 978-957-05-2853-4(平裝)

1. 食譜 2. 烹飪 3. 法國

427.12　　　　　　　　　　　　　　　　　　　102013234